TERAPIA COGNITIVO-COMPORTAMENTAL PARA A POPULAÇÃO NEGRA:
CONTRIBUIÇÕES PARA A PRÁTICA CLÍNICA SENSÍVEL ÀS QUESTÕES ÉTNICO-RACIAIS

Dados Internacionais de Catalogação na Publicação (CIP)
(Claudia Santos Costa - CRB 8ª/9050)

Reis, Bruno
    Terapia cognitivo-comportamental para a população negra : contribuições para a prática clínica sensível às questões étnico-raciais / Bruno Reis – São Paulo : Editora Senac São Paulo, 2025.

    Bibliografia.
    ISBN 978-85-396-5377-5 (impresso/2025)
    e-ISBN 978-85-396-5378-2 (ePub/2025)
    e-ISBN 978-85-396-5379-9 (PDF/2025)

    1. Terapia cognitivo-comportamental. 2. Saúde mental – População negra. 3. Negros - Psicologia. I. Título.

25-2394c   CDD – 616.89142
                                          150.1943
                                            305.8
                              BISAC PSY045070
                                      SOC056000
                                      SOC070000

Índice para catálogo sistemático:
1. Psicoterapia : Terapia cognitivo-comportamental 616.89142
2. Relações étnico-raciais 305.8

BRUNO REIS

TERAPIA COGNITIVO-COMPORTAMENTAL PARA A POPULAÇÃO NEGRA:
CONTRIBUIÇÕES PARA A PRÁTICA CLÍNICA SENSÍVEL ÀS QUESTÕES ÉTNICO-RACIAIS

Editora Senac São Paulo – São Paulo – 2025

ADMINISTRAÇÃO REGIONAL DO SENAC NO ESTADO DE SÃO PAULO
Presidente do Conselho Regional: Abram Szajman
Diretor do Departamento Regional: Luiz Francisco de A. Salgado
Superintendente Universitário e de Desenvolvimento: Luiz Carlos Dourado

EDITORA SENAC SÃO PAULO
Conselho Editorial: Luiz Francisco de A. Salgado
Luiz Carlos Dourado
Darcio Sayad Maia
Lucila Mara Sbrana Sciotti
Luís Américo Tousi Botelho

Gerente/Publisher: Luís Américo Tousi Botelho
Coordenação Editorial: Verônica Marques Pirani
Prospecção: Andreza Fernandes dos Passos de Paula, Dolores Crisci Manzano, Paloma Marques Santos
Administrativo: Marina P. Alves
Comercial: Aldair Novais Pereira
Comunicação e Eventos: Tania Mayumi Doyama Natal

Edição e Preparação de Texto: Maitê Zickuhr
Coordenação de Revisão de Texto: Marcelo Nardeli
Revisão de Texto: Fernanda Corrêa e Isabella Vasconcelos
Coordenação de Arte: Antonio Carlos De Angelis
Projeto Gráfico, Capa e Editoração Eletrônica: Manuela Ribeiro
Imagem de capa: AdobeStock
Impressão e acabamento: Gráfica CS

Todos os direitos reservados. Nenhuma parte deste livro pode ser reproduzida ou utilizada de nenhuma forma ou em nenhum meio, eletrônico ou mecânico, incluindo fotocópias, gravações ou por qualquer sistema de armazenamento e recuperação de informações, sem a prévia autorização da editora por escrito.

Editora Senac São Paulo
Av. Engenheiro Eusébio Stevaux, 823 – Prédio Editora
Jurubatuba – CEP 04696-000 – São Paulo – SP
Tel. (11) 2187-4450
editora@sp.senac.br
https://www.editorasenacsp.com.br

© Editora Senac São Paulo, 2025

SUMÁRIO

7	Nota do editor
9	Dedicatória
11	Agradecimentos
13	Prefácio
17	Introdução

21 PARTE I | Por que precisamos de uma psicologia sensível às questões étnico-raciais?

23 CAPÍTULO 1 | Afrodescendentes chegam ao Brasil

- 24 *Sankofa:* aprender com o passado, transformar o presente e construir um futuro melhor
- 25 *Maafa:* o grande desastre
- 25 Afrodescendentes: um povo capaz de "sankofar"
- 27 Navio negreiro: a chegada ao Brasil
- 30 Ecos da travessia

33 CAPÍTULO 2 | A identidade negra construída a partir do ponto de vista do outro

- 34 Raça, racismo e supremacia racial branca
- 38 A desumanização da população negra
- 39 O mito negro
- 41 A identidade negra
- 45 O desejo de embranquecer é a doença e a negritude é a cura
- 46 Ser protagonista da própria história
- 49 Tornar-se negro

51 CAPÍTULO 3 | A saúde mental da população negra no Brasil

- 52 Do *banzo* à pulsão palmariana
- 56 Efeitos do racismo na saúde mental da população negra

65 CAPÍTULO 4 | A colonização da psicologia

71 CAPÍTULO 5 | Ecos da escravidão

75 PARTE II | Caminhos para tornar a psicologia clínica mais sensível às questões étnico-raciais

77 CAPÍTULO 6 | A jornada da sensibilização: estudos críticos, decoloniais, afrocentrados e antirracistas

- 79 Psicologia crítica
- 82 Psicologia decolonial
- 86 Psicologia afrocentrada
- 93 O movimento antirracista
- 98 Conceitos importantes para estudos clínicos sensíveis às questões étnico-raciais
- 101 Recomendações gerais para terapeutas antirracistas
- 103 Ser para sempre um terapeuta aprendiz
- 104 Panorama da clínica sensível às questões étnico-raciais praticada no Brasil

107	**CAPÍTULO 7** | A terapia cognitivo-comportamental (TCC)	159	Exame das crenças disfuncionais em casos de opressões internalizadas
108	O universo das TCCs	162	Manejo clínico das opressões internalizadas
109	Primeira geração	169	Afrocentramento
110	Segunda geração	178	Negritude
110	Terceira geração	181	Interseccionalidade
112	A terapia cognitivo-comportamental de Beck	187	Mestiçagem e colorismo
114	Apresentação da TCC	195	Relacionamentos inter-raciais
115	O princípio fundamental	198	Estudo de caso: Adelina & Rômulo
116	Modelo cognitivo	199	Aspectos da química esquemática
117	Os três níveis da cognição	200	Considerações sobre o caso
119	Conceitualização cognitiva	201	Honrar os ancestrais e abrir caminhos para os mais novos

- 107 **CAPÍTULO 7** | A terapia cognitivo-comportamental (TCC)
- 108 O universo das TCCs
- 109 Primeira geração
- 110 Segunda geração
- 110 Terceira geração
- 112 A terapia cognitivo-comportamental de Beck
- 114 Apresentação da TCC
- 115 O princípio fundamental
- 116 Modelo cognitivo
- 117 Os três níveis da cognição
- 119 Conceitualização cognitiva
- 121 Procedimentos e técnicas
- 123 Princípios do tratamento
- 124 O princípio número quatro
- 126 A clínica sensível às questões étnico-raciais baseada na TCC
- 129 A TCC culturalmente responsiva
- 134 A terapia do esquema (TE)

- 137 **CAPÍTULO 8** | À procura da batida perfeita

- 141 **PARTE III** | A prática clínica sensível às questões étnico-raciais baseada na TCC

- 143 **CAPÍTULO 9** | Demandas clínicas relacionadas às questões étnico-raciais e caminhos para manejá-las
- 144 Estigmas e códigos sociais involuntários
- 153 O que são as opressões internalizadas?
- 155 Fatores ambientais: como indivíduos, instituições e estruturas sociais ocasionam e realizam a manutenção das opressões internalizadas?
- 159 Exame das crenças disfuncionais em casos de opressões internalizadas
- 162 Manejo clínico das opressões internalizadas
- 169 Afrocentramento
- 178 Negritude
- 181 Interseccionalidade
- 187 Mestiçagem e colorismo
- 195 Relacionamentos inter-raciais
- 198 Estudo de caso: Adelina & Rômulo
- 199 Aspectos da química esquemática
- 200 Considerações sobre o caso
- 201 Honrar os ancestrais e abrir caminhos para os mais novos

- 205 **CAPÍTULO 10** | Procedimentos, estratégias e técnicas da TCC sensível às questões étnico-raciais
- 206 Estratégias interpessoais: aliança terapêutica, avaliações iniciais e conceitualização cognitiva
- 212 Estratégias comportamentais: estilos de enfrentamento e manejo dos códigos sociais
- 216 Estratégias cognitivas: modificação das crenças disfuncionais e adoção de crenças funcionais
- 219 Estratégias contextuais: análises interseccionais e acesso aos repositórios de saberes
- 222 Estratégias experienciais: seriam um elo entre a terapia do esquema e a psicologia afrocentrada?

- 225 Considerações finais
- 227 Posfácio
- 231 Referências
- 243 Índice geral

NOTA DO **EDITOR**

Esta é uma obra necessária. Por mais que pessoas, organizações e movimentos negros estejam desde o início da escravidão na luta contra o racismo e a opressão, a produção teórico-literária que instrumentaliza essa luta não é numerosa o bastante para abordar – e aplacar – o prejuízo causado. Nesse sentido, um dos maiores danos, e talvez um dos mais cruéis, posto que intangível, é a agressão psicológica.

Neste livro, Bruno Reis resgata a trajetória das pessoas escravizadas na África e, depois, trazidas para o Brasil, discorrendo sobre os quatro séculos de escravidão oficial que se seguiram e os inúmeros desdobramentos dessa prática. Essa contextualização nos ajuda a compreender as raízes do racismo em nossa sociedade e a depreender conceitos, como mestiçagem e estigmatização. A partir disso, o autor se debruça sobre rico referencial teórico e evoca intelectuais negros e negras de relevância no assunto. Na sequência, nos oferece uma visão de como podemos, hoje, na prática, na perspectiva sobretudo da terapia cognitivo-comportamental, propiciar às pessoas negras acesso a psicólogos com formação sólida e conhecimento amparado em estudos críticos, antirracistas, afrocentrados e decoloniais.

De maneira notável, Bruno Reis costura teoria e prática, alinhavando seu trabalho com as influências artísticas e culturais que o moldaram. Dessa forma, ao passo que produz conhecimento fundamental para a capacitação de terapeutas e psicólogos, homenageia sua própria vivência e apresenta importantes repositórios de saberes afro-brasileiros.

Ao debater um tema de extrema relevância, mas ainda pouco difundido, o Senac São Paulo fomenta o desenvolvimento de estudos relacionados no Brasil, contribuindo para a formação de estudantes e profissionais da psicologia com conhecimentos atuais e inclusivos, teóricos e práticos.

Este livro é dedicado à minha mãe,
Edna Roseli dos Reis Santos.

AGRADECIMENTOS

Agradeço aos orixás, aos ancestrais, à comunidade do samba e a todo o movimento negro brasileiro por serem a base que me guia, protege e fortalece, desde sempre e para sempre.

Minha gratidão se estende à minha avó, Dona Vicentina, que foi o elo mais forte entre mim e meus antepassados que sobreviveram nas senzalas. Ela foi também um exemplo de comprometimento com um mundo mais justo, dedicando sua vida a grupos menos favorecidos.

Agradeço ao meu pai, Nelson, que viveu como um bravo guerreiro e uma alegre criança. Ele me ensinou a tocar cavaquinho e será para sempre meu mestre na música, especialmente no nosso samba. Também sou grato à minha mãe, Edna, por ter me nutrido com amor e me feito acreditar que eu poderia ser "alguém na vida", de modo que ninguém jamais conseguiu me provar o contrário.

Meu sincero obrigado vai ainda para meus queridos irmãos Marcelo, Leandro e Fábio; minha amada irmã Carolina; meus tios, tias, primos e primas; e a toda a família Reis, pela negritude que celebramos juntos.

Gratidão imensa à minha amada esposa, Taymara, psicóloga incrível e companheira de vida, que me acompanha nos momentos de dor e de alegria há quase duas décadas. Escrever este livro só foi possível por ela estar ao meu lado, acreditando nos meus sonhos, cuidando do nosso filho nas muitas horas em que fiquei trancado no quarto escrevendo sem poder dividir as tarefas. Sou grato também por ter ao meu lado esta mulher amorosa, dedicada, forte, guerreira e que nunca economizou esforços para lutar pelo povo negro e pelos valores da nossa família. Agradeço também ao meu filho, Alie, grande motivo para eu lutar por um mundo mais justo e divertido para ele viver!

Este livro é resultado de uma grande roda de trocas de afetos e saberes. Nesse processo de escrita, tive o privilégio de receber orientações, críticas, incentivos e inspirações de pessoas muito iluminadas, entre elas: Maria Célia Malaquias, psicóloga, grande referência para mim e que escreveu o belíssimo prefácio; Priscila dos Santos e Denise Soares, que, além de redigirem o posfácio, me mostraram que chegara o momento de escrever este livro, me deram as mãos e abriram caminhos para que tudo se tornasse realidade; Márcia Anunciação, preparadora de texto, que esteve ao meu lado durante todo o árduo processo de escrita, revisando, corrigindo e comentando cada palavra com muito afeto, respeito, dedicação e entendimento das questões étnico-raciais. Ao meu grande amigo e parceiro de trabalho, Bruno Bonalda, e ao grande psicólogo André Moreno, agradeço pelas considerações valiosas relacionadas ao campo das terapias cognitivo-comportamentais.

Durante o processo de escrita, mestres e mestras me guiaram com muita sabedoria. Meus sinceros agradecimentos ao meu irmão, o babalorixá Leandro de Oxóssi, que me manteve conectado com a força e os ensinamentos dos orixás; à psicóloga Marilza Martins; e a Simone Gibran Nogueira, que me apresentou à psicologia afro-centrada e se tornou uma grande parceira em pesquisas da área.

Gratidão também ao Dr. Ricardo Wainer e a toda a equipe da Wainer Psicologia, primeiro, pelo trabalho de excelência que realizam no campo das TCCs e, segundo, por me acolherem com muito respeito e generosidade. Dessa parceria, nasceram projetos de muito sucesso. Por fim, agradeço aos colegas de profissão e estudantes de psicologia pelas partilhas de conhecimentos e a toda a equipe do Senac, composta por pessoas que fazem desta instituição um lugar seguro e capaz de realizar sonhos, como o de escrever esta obra que você tem em mãos.

PREFÁCIO

Este é Bruno Reis! Importante referência na psicologia e nas relações étnico-raciais no Brasil, que agora nos brinda com este livro imprescindível.

Trata-se de uma obra necessária, escrita por uma pessoa negra, sobre pessoas negras. Bruno nos apresenta os frutos da sua longa jornada de estudos acadêmicos e populares, em suas palavras, um trabalho "dedicado a profissionais da psicologia que queiram sensibilizar suas práticas clínicas voltadas às questões étnico-raciais, principalmente aquelas embasadas na terapia cognitivo-comportamental (TCC)".

Ao falar do seu lugar de homem negro e psicólogo, Bruno mostra que é possível haver relações inter-raciais benéficas. Tanto que se posiciona contra a supremacia branca, mas, como faz questão de ressaltar, não contra as pessoas brancas. Mais que isso, considera que, para caminhar em direção ao benefício mútuo, é preciso "como condição *sine qua non* identificar e tratar os atravessamentos étnico-raciais".

A esse respeito, Bruno nos alerta sobre a psicologia exclusivamente eurocêntrica ensinada nas universidades brasileiras e o perigo de uma única visão de mundo, uma postura etnocêntrica, destacando que, "em relação à psicologia, esse campo de estudos infelizmente foi e ainda é dominado por ideias eurocêntricas e estadunidenses" e, portanto, "ainda está colonizado, cabendo a nós, profissionais da área, levar adiante o processo de descolonização".

A presente obra contribui para isso: disponibiliza importantes fundamentos teóricos e metodológicos, procedimentos, estratégias e técnicas da TCC sensível às questões étnico-raciais, ilustrado por alguns casos e manejos clínicos relevantes para uma clínica sensível a tais condições. Ainda nos brinda com um importante questionamento sobre se haveria um elo entre a terapia do esquema e a psicologia afrocentrada.

Além de utilizar referências teóricas respeitadas no meio acadêmico, Bruno também expõe situações da sua vida pessoal, músicas que ouve desde criança, histórias que amigos e amigas contaram e personagens fictícios baseados em experiências reais. Sem se posicionar como representante da comunidade negra, coloca-se como seu integrante, como "uma nota musical que faz parte de um acorde, que faz parte de uma canção, que faz parte do repertório de uma roda de samba, e por aí vai...".

O livro é estruturado em três partes e subdivide-se em capítulos cuja organização didática facilita a leitura e reflexões. Com maestria, Bruno abre o capítulo inicial nos apresentando ao *sankofa*: ideograma africano que simboliza a importância de aprender com o passado, transformar o presente e construir um futuro melhor. Esta obra auxilia nisso.

Recomendo a leitura para todas as pessoas interessadas em psicologia e na TCC e, em especial, para profissionais da saúde mental que estejam comprometidos com suas práticas na perspectiva de uma clínica sensível às questões étnico-raciais. Neste trabalho, encontrarão uma fundamentação teórica criteriosa, articulada com uma prática que orienta a escuta clínica considerando a história do Brasil, os quase quatro séculos de escravização oficial e o legado que se faz presente nas inter-relações.

Esta belíssima obra se apresenta com riqueza de conhecimento por meio de vários saberes, sejam eles científicos, populares, culturais, filosóficos ou musicais, entre tantos outros.

Gostaria, por fim, de destacar o prazer e as descobertas que a leitura deste livro me proporcionou e agradecer a você, Bruno Reis, pela honra do convite para prefaciá-lo.

Desejo às leitoras e aos leitores desta obra-prima que ela seja um disparador potente, que fortaleça as lutas antirracistas, e que tenhamos uma psicologia sensível às questões étnico-raciais!

Maria Célia Malaquias | *Psicóloga, psicodramatista, autora e pesquisadora com foco em psicodrama e relações raciais.*

INTRODUÇÃO

Peço licença aos ancestrais e às pessoas mais velhas da minha comunidade para apresentar esta obra, que é uma pequena contribuição à saúde mental da população negra brasileira. As páginas que a compõem guardam os resultados de uma longa jornada de estudos dedicada a articular conhecimentos acadêmicos e populares com a finalidade de ofertar o melhor da psicologia clínica para o povo negro. Nesse sentido, este é um livro dedicado a profissionais da psicologia que queiram sensibilizar suas práticas clínicas voltadas às questões étnico-raciais, principalmente aquelas embasadas na terapia cognitivo-comportamental (TCC).

Infelizmente este livro é necessário. No Brasil, a comunidade negra viveu por aproximadamente quatro séculos nas senzalas. Depois disso, a abolição da escravatura a deslocou das correntes físicas para as ideológicas, sendo o racismo a mais poderosa entre todas elas. Nesse tempo todo, nós sobrevivemos como pudemos. Muitos de nós ancestralizaram[1] sem ter recebido o suporte psicológico necessário. Eu sinto muito por não ter podido escrever este livro antes que fatalidades inviabilizassem sua contribuição para a cura de alguns amigos e familiares. Eles não puderam esperar o florescer de uma psicologia mais sensível às nossas demandas.

---

[1] Ancestralizar faz parte da tríade nascer, morrer, ancestralizar. Ancestralidade é o culto e respeito aos ancestrais com base na crença de que, ao morrer, o indivíduo se transforma em um ser espiritual capaz de proteger os parentes que ainda não transcenderam.

Apesar de tudo, quando caminhamos juntos, nunca perdemos as esperanças. Nas quebradas, sempre tem alguém que canta aquele samba de Arlindo Cruz que diz que iremos achar o tom certo, o acorde adequado para que o cantar fique bom outra vez, afinal, "o show tem que continuar". Ancorado nessa grande mensagem, e na certeza de que é meu dever honrar os ancestrais e abrir caminhos para os mais novos, escrevi este livro com minhas sinceras contribuições.

Julgo importante que leitoras e leitores saibam que a seguir farei muitos apontamentos críticos à supremacia racial branca. No entanto, ressalto que esta obra se posiciona contra essa ideologia, e não contra as pessoas brancas. Como já dito, minha verdadeira intenção é investir esforços em prol da comunidade negra. Sendo assim, a partir do lugar de homem negro e psicólogo, acredito que é possível haver relações inter-raciais benéficas. O ponto é que, para caminhar em direção ao benefício mútuo, compreendo como condição *sine qua non* identificar e tratar os atravessamentos étnico-raciais.

Este livro está dividido em três partes: contextualização, referencial teórico e prática clínica. A primeira é dedicada a responder à pergunta: "Por que precisamos de uma psicologia sensível às questões étnico-raciais?". Para respondê-la, apresento brevemente a história do povo negro no Brasil. A jornada começa na captura de pessoas negras no continente africano, passa por navios negreiros, senzalas, manicômios, prisões, e chega aos consultórios e universidades de psicologia atuais. Todo esse percurso histórico tem como objetivo sensibilizar terapeutas para a escuta dos ecos da escravidão. Para isso, são discutidas as seguintes questões: como a identidade negra foi construída a partir do ponto de vista do outro (o branco)? Como o racismo afeta a saúde mental da população negra brasileira? Quais os impactos da colonização da psicologia na oferta de serviços de saúde à pessoa negra?

Na Parte II, apresento o referencial teórico que fundamenta práticas clínicas sensíveis às questões étnico-raciais e embasadas na TCC. O capítulo "A jornada da sensibilização" contribui para que terapeutas sensibilizem seus olhares ao terem acesso a estudos críticos, decoloniais, afrocentrados e antirracistas. Já o capítulo seguinte é dedicado a explicar os fundamentos da TCC e como ela pode contribuir no tratamento do povo negro. A transição para a última parte do livro ocorre no capítulo "À procura da batida perfeita", com breve reflexão sobre o espaço que a cultura afro-brasileira deve ocupar.

A Parte III é dedicada à prática clínica. Nela, retomo temas importantes como mestiçagem, estigmatização e opressão internalizada, entre outros pontos levantados por profissionais como Neusa Santos Souza, Frantz Fanon e Kabengele Munanga, algumas das principais referências na temática. E proponho caminhos para trabalhar essas questões na clínica a partir de procedimentos, estratégias e técnicas da TCC.

Por este ser um livro escrito por uma pessoa negra e sobre pessoas negras, optei por apresentar o conteúdo utilizando referências teóricas respeitadas no meio acadêmico, mas não somente. Expus também alguns fatos da minha vida, músicas que ouço desde criança, histórias que amigos e amigas me contaram e personagens fictícios inspirados em eventos reais. A ideia foi mostrar um pouco do que vivi e vivo em família. Não falo em nome de toda comunidade negra, que é imensa e bastante diversa. Compreendo esses escritos como se fossem uma nota musical que faz parte de um acorde, que faz parte de uma canção, que faz parte do repertório de uma roda de samba, e por aí vai...

PARTE I

POR QUE PRECISAMOS DE UMA PSICOLOGIA SENSÍVEL ÀS QUESTÕES ÉTNICO-RACIAIS?

CAPÍTULO 1

AFRODESCENDENTES CHEGAM AO BRASIL

SANKOFA: APRENDER COM O PASSADO, TRANSFORMAR O PRESENTE E CONSTRUIR UM FUTURO MELHOR

"Nunca é tarde para voltar e apanhar o que ficou para trás". Assim me disse um irmão ganense quando estive na cidade de Acra, em Gana, na África Ocidental. Ao ler Elisa Larkin Nascimento (2008), compreendi que, ao me dizer essa frase, ele estava se referindo a um ensinamento que seus ancestrais do povo Akan transmitiram de uma geração para outra por meio de um símbolo gráfico adinkra[1] chamado *sankofa*, cuja ilustração é a imagem de um pássaro que vira a cabeça para trás. A essência dessa mensagem é retomar o passado para aprender maneiras de transformar o presente e construir um futuro melhor para as próximas gerações.

Influenciada por essas reflexões, esta obra começa com uma breve menção à chegada de africanos e africanas ao Brasil, não para detalhar questões históricas, mas para sinalizar para onde precisamos voltar quando o objetivo é caminhar em direção a uma psicologia sensível às questões étnico-raciais.

---

[1] Adinkra são símbolos que representam conceitos ou aforismos.

MAAFA: O GRANDE DESASTRE

O povo negro vivia no vasto continente africano organizado em diferentes grupos étnicos, até que *maafa* transformou a história da África para sempre. Wade Nobles (2009, p. 281) explica que *maafa* foi "o grande desastre e infortúnio de morte e destruição além das convenções e da compreensão humana". Nesse fato trágico, pessoas negras foram retiradas à força de suas terras e deportadas para outros lugares do mundo por meio da diáspora.

No novo ambiente, longe das terras de seus ancestrais, essas pessoas foram escravizadas e viveram por séculos como animais de trabalho. Conforme Kabengele Munanga e Nilma Lino Gomes (2016), *maafa* foi um fenômeno mundial que ocorreu aproximadamente entre os anos de 650 e 1850. Os povos atingidos foram aqueles que habitavam a África Subsaariana, região situada ao sul do deserto do Saara. Essas pessoas foram mandadas para a Ásia, a Europa e a América. O povo árabe enviou aproximadamente cinco milhões de africanos ao Oriente Médio, à Índia, à China e ao Sri Lanka. Já o povo europeu foi, sem dúvida, o maior responsável pelos horrores do tráfico negreiro, pois estima-se que pelo menos 40 milhões de pessoas foram levadas para serem escravizadas na Europa e na América (Munanga; Gomes, 2016).

AFRODESCENDENTES: UM POVO CAPAZ DE "SANKOFAR"

Ao relembrarmos *maafa*, reavivamos a dor desses habitantes da África Subsaariana que enfrentaram a diáspora e a vida como pessoas escravizadas. Não consigo escrever sobre isso sem considerar que essa é a história dos meus ancestrais. Por isso, enquanto escrevo, reavivo em mim um tanto dessa dor e lamento que os ecos de *maafa* ressoem em nós, negros e negras, talvez para sempre. O que me conforta, em alguma medida, é lembrar que não somos filhos e filhas de *maafa*, e sim da África-mãe, e que, apesar de tantos séculos de escravidão, mantivemos nossa africanidade viva e pulsante em nossas roupas, nas músicas e na comida.

Lembro de uma vez em que estive no bairro do Harlem, na cidade de Nova York, para experimentar *soul food*, que me apresentaram como uma culinária tradicional de afrodescendentes do Sul dos Estados Unidos. A ocasião era perfeita e foi regada a *soul*, *jazz* e *blues*. Assim que provei, me conectei imediatamente com a comida brasileira feita em Minas Gerais, aquela da minha avó, Dona Vicentina. Era impressionante a semelhança. O ponto aqui é que minha avó nunca foi aos Estados Unidos, nem sequer pisou em um aeroporto durante toda a sua vida, mas aquele gosto parecido foi uma prova para mim de que um dia as pessoas negras – que hoje estão em diferentes lugares do mundo – já estiveram juntas, e que algo sempre nos uniu e sempre nos unirá.

É importante destacar que a África é um continente com muitos países, grupos étnicos e pessoas com diferentes tons de pele. A proposta não é afirmar que afrodescendentes que vivem atualmente no continente africano e na diáspora sejam todos iguais. Pessoas negras são singulares, diversas, plurais. No entanto, por mais diferentes que sejamos, muitos de nós compartilhamos ideias e princípios que nos unem, e não nos resumimos a um povo que viveu *maafa*. Ao contrário, cria em nós a capacidade de "sankofar".

Laó-Montes (2023) explica que o termo "afrodescendente" foi cunhado no Brasil na década de 1980. Naquele momento, mulheres intelectuais e ativistas negras, como Sueli Carneiro, Lélia Gonzalez e Edna Roland, buscavam criar uma identidade afro-latino-americana para unir o movimento feminista negro e alavancar outras importantes articulações sociais que se organizavam em toda a América Latina. Essas mulheres importantíssimas na história da luta do movimento negro já sabiam que era necessária a criação de um termo que representasse o fato de que nosso povo, apesar de separado e escravizado, resistiu e seguiu em busca de melhores condições de vida. Com isso, foi possível caminharmos lado a lado e passamos a nos declarar afrodescendentes.

NAVIO NEGREIRO: A CHEGADA AO BRASIL

A seguir, vamos retomar aspectos importantes desse percurso dividindo-o em três momentos: captura, travessia e leilões. O objetivo aqui é expor informações relevantes para compreendermos a saúde mental da população negra desde a sua chegada ao Brasil, sem a intenção de esmiuçar fatos históricos. Para quem desejar um aprofundamento no tema, pode consultar as referências mencionadas no decorrer desta obra.

Captura

De acordo com dados encontrados em Munanga e Gomes (2016), o numeroso grupo de africanos e africanas que chegou ao país pela rota transatlântica foi capturado em três regiões da África: Austral (Moçambique, África do Sul e Namíbia), Ocidental (Gana, Nigéria, Togo, Benim, Cabo Verde, Guiné-Bissau, Senegal, Costa do Marfim e Mali) e Centro-Ocidental (Angola, hoje situada na África Austral, e República do Congo). Os indivíduos capturados iniciavam a caminhada chamada *libambo*, em alusão ao nome da corrente que os prendia pelo pescoço. Esse percurso poderia durar até seis meses rumo à costa africana, com três destinos: os litorais de Angola, os de Moçambique e o Golfo de Benim, onde essas pessoas seriam vendidas aos europeus.

A partir desse ponto, o autor que embasa essa penosa jornada é Laurentino Gomes (2019), explicando que, ao chegarem ao litoral africano, essas pessoas eram encarceradas em porões pequenos e fétidos, onde aguardavam por até cinco meses pelos navios negreiros com os colonizadores que fariam sua comercialização. Quem sobrevivesse a esse quase um ano de cativeiro e fosse vendido estaria oficialmente inserido no sistema escravagista. Na condição de mercadorias, passavam por dois processos antes de embarcar: o batismo, respeitando os princípios da Igreja Católica (a intenção controversa dos padres era purificar aquelas almas) e a estigmatização que consistia na marcação de seus corpos com ferro incandescente para indicar a origem daqueles produtos. Assim estariam prontos para embarcar nos navios negreiros.

Trago esses fatos históricos para que possamos pensar sobre o processo violento que tornou a pessoa negra cada vez mais parecida com um animal de trabalho e como os maus-tratos ficaram cada vez mais absurdos, naturais e legalizados. O resultado disso foi a desumanização e a aniquilação da individualidade dessas pessoas em um grau tão estratosférico que, depois de quase quinhentos anos, ainda tentamos resgatar a humanidade e dignidade do nosso povo.

Travessia

Após quase um ano de aprisionamento, chegava o dia de ingressar no navio negreiro. Gomes (2019) descreve que um medo comum àquelas pessoas era o de serem devoradas por europeus canibais quando chegassem ao destino. Muitos também relatavam medo de estar no mar, o que poderia ser uma novidade. O início da viagem era marcado pela separação por gênero. Os homens eram acorrentados no porão como estratégia de inviabilizar uma revolta, algo que, segundo registros, ocorreu ao menos 26 vezes, com os prisioneiros tomando o navio e retornando à África (Gomes, 2019). No entanto, na maioria das vezes, eles seguiam viagem doentes e famintos, defecando e urinando no mesmo local em que dormiam.

Impedidos de se rebelarem, muitos tentavam suicídio atirando-se ao mar ou deixando de se alimentar. Muitas vezes, os colonizadores interviam obrigando-os a comer e impedindo sua morte. A intervenção visava manter a mercadoria e nada tinha a ver com qualquer tipo de cuidado com a saúde mental dos prisioneiros. Essa parte da história me toca de forma profunda ao pensar no imenso sofrimento psíquico pelo qual essas pessoas passaram.

Já no caso das mulheres, por serem consideradas mais fracas, ficavam em outros locais para servirem à tripulação na mesa e na cama. O estupro era praticado durante todo o percurso e seus corpos poderiam ter apenas um dono ou serem compartilhados entre alguns homens (Gomes, 2019). Entristece saber que a violência contra a mulher negra existe desde o princípio no Brasil e que ainda hoje elas lutam para que seus corpos sejam protegidos e respeitados.

Leilões

A travessia do Atlântico durava até sessenta dias de muito horror. Diziam que, em alto-mar, era possível identificar um navio negreiro de longe por conta do péssimo cheiro. Por causa disso, ao se aproximarem da costa brasileira, prisioneiros e prisioneiras eram liberados das correntes e passavam por um detalhado processo de higienização. Seus cabelos eram cortados, seus dentes escovados e seus corpos lavados para que se tornassem mercadorias aparentemente saudáveis e valessem um bom preço.

Com a chegada da embarcação ao Brasil, iniciavam-se os leilões, em que eram expostos nus para que passassem pela avaliação dos prováveis compradores. Era comum que fossem tocados, cheirados em todas as partes de seus corpos e tivessem seus dentes verificados. Gomes (2019) explica que experienciavam todo o tipo de desrespeito e violência antes de finalmente serem comprados e levados para as senzalas. Essas pessoas que chegaram ao Brasil e sobreviveram nas senzalas são os ancestrais dos afro-brasileiros e afro-brasileiras, ou afrodescendentes diaspóricos, como são chamados aqueles que vivem fora do continente africano.

ECOS DA TRAVESSIA

Ao retomarmos essa intrigante travessia do Atlântico acompanhando o grupo de africanos e africanas da captura ao leilão, temos alguma noção de como foi sua chegada ao Brasil, o que diz muito sobre a posição que nos foi reservada na estrutura da sociedade brasileira. Esse lugar de submissão, desprivilégio e desvalor, que parece ter sido posto como o destino social do povo negro brasileiro, me parece habitar o imaginário de brasileiros e brasileiras até os dias de hoje.

Na cidade de São Paulo, quando frequento um restaurante cujos preços não são tão acessíveis ou quando vejo a foto de uma turma de estudantes de escolas particulares renomadas, a presença negra é rara. Poderíamos discutir muitos motivos para que isso ocorra, mas, no momento, quero apenas sinalizar como a sociedade brasileira trata isso como algo natural. Parece ressoar a ideia de que é normal e esperado que não haja pessoas negras nesses locais, estudando e aproveitando a vida, e, mesmo que a população negra seja numerosa no território nacional, fica a sensação de que "lugar legal é lugar de branco".

No consultório, são comuns relatos de casos como o de um homem negro que aguarda na fila do estacionamento para retirar seu carro considerado de alto padrão. Quando o veículo chega, ocorre um susto, uma comoção generalizada, uma espécie de julgamento por parte das pessoas presentes: "Como esse homem pode ter esse carro?", "Deve ter adquirido de forma ilegal", "Tem alguma coisa errada nisso". O ponto é que o projeto nacional desde o início pretendia pessoas negras na condição de escravizadas e, por isso, ainda hoje ocorre um estranhamento quando elas ocupam outras posições sociais. Por outro lado, quando não há pessoas negras em lugares privilegiados, isso não gera incômodo. Para nossa sociedade, ver uma pessoa negra desfrutando a vida, ocupando cargos de destaque e adquirindo bens ainda parece uma anomalia social.

CAPÍTULO 2

A IDENTIDADE NEGRA CONSTRUÍDA A PARTIR DO PONTO DE VISTA DO OUTRO

Sigo com o compromisso de responder à pergunta que orienta essa primeira parte do livro: por que precisamos de uma psicologia sensível às questões étnico-raciais? Para isso, retomamos o fato de que, desde o começo da história do Brasil, o povo negro ocupa um lugar desprivilegiado e desrespeitado, resultante das relações étnico-raciais embasadas na ideia de que as pessoas brancas são superiores.

Neusa Santos Souza (2021, p. 57), autora pioneira nos estudos das relações étnico-raciais e com contribuições ímpares para as pesquisas sobre saúde mental da população negra no Brasil, escreve que as pessoas negras são desumanizadas e vistas como "um elo entre o macaco e o homem branco". Sendo assim, precisamos de uma psicologia sensível às questões étnico-raciais porque existem fatores sociais e históricos que atingem especificamente esse grupo e interferem de forma significativa em suas percepções de si, na construção de suas identidades e, por consequência, favorecem patologias e problemas específicos. A seguir, apresentarei alguns fatores sociais que impactam na saúde mental do povo negro e descreverei como tais impactos influenciam na construção da identidade negra.

RAÇA, RACISMO E SUPREMACIA RACIAL BRANCA

Para tratar esse tópico, cabem considerações a respeito do termo "raça". Para Lia Vainer Schucman (2014), é uma construção social que divide seres humanos em grupos e tem como referência traços fenotípicos como cor da pele, formato do nariz e textura do cabelo. Essa divisão é arbitrária, superficial e sem base biológica, mas impactou profundamente a forma como a sociedade brasileira se estruturou e se organiza atualmente. Isso porque, a partir da divisão das raças, se configurou o racismo que, por sua vez, supõe a população branca como superior e sustenta a supremacia racial como justificativa para que descendentes dos povos europeus tenham poder e privilégios em relação aos demais.

Sempre que escrevo sobre raça me pergunto como uma ideia tão simplória e sem respaldo científico serviu de justificativa para os horrores da escravidão, garantiu poder e privilégios para pessoas brancas e fundamentou padrões de beleza que perduram até a sociedade atual. Acredito ser possível compreender um pouco mais essa questão ao considerar que, para transformar uma ideia simples e errônea em uma verdade absoluta, é preciso ter poder. Para Nobles (2009, p. 287), poder é "a capacidade de definir a realidade e fazer outras pessoas reagirem à sua definição como se fosse delas". Assim, o poder dos europeus demonstrado na colonização de terras, corpos e ideias foi utilizado para dividir seres humanos em raças, disseminar o racismo e impor a supremacia racial branca como verdade absoluta.

Este é um bom momento para refletir sobre como tais ideias interferem na vida das pessoas negras. Dou início à reflexão ao citar Simone Gibran Nogueira, pesquisadora pela qual tenho muito apreço, pois me apresentou a psicologia afrocentrada que veremos mais adiante. Em seu livro *Libertação, descolonização e africanização da psicologia,* ela explica que a ideologia da supremacia racial branca "reserva uma posição simbólica e material privilegiada para o sujeito de aparência branca e origem europeia quando ele está em relação a sujeitos não brancos e de outras origens históricas" (Nogueira, 2020, p. 30). A citação traz memórias da minha adolescência na década de 1990 na cidade de São Paulo. Na época, quando ligava a televisão, notava que os protagonistas das novelas eram pessoas brancas; os super-heróis dos desenhos eram pessoas brancas. Para além das telas, os cargos de liderança do trabalho da minha mãe e do meu pai eram ocupados por pessoas brancas. Autores e autoras dos livros que eu estudava na escola eram pessoas brancas. No entanto, na banca de jornal, quando eu observava a foto de encarcerados, era possível encontrar as pessoas negras que não estavam nos outros lugares.

Era um cenário de pessoas negras nas celas-senzalas e pessoas brancas protagonizando uma história de vida bem-sucedida. Sendo assim, eu tinha muitos motivos para acreditar na supremacia racial branca. Mas alguns fatores impediram que eu fosse fatalmente convencido que meu destino era ocupar uma posição inferior na sociedade. Um deles foi o samba. A escola de samba mostrava outras possibilidades de ser negro. Naquele lugar, existiam as posições de mestre-sala, ritmista, cantor e todas elas tinham muito valor. Para além das agremiações, as rodas de samba estavam em todos os lugares e reverenciavam nossos ancestrais, contando histórias engraçadas que aconteciam no morro, preservando a mitologia dos orixás e trazendo consciência de que havia beleza no que éramos, fazíamos e sentíamos.

Eu não defendo que o samba é fator protetivo à saúde mental de todas as pessoas negras, mas sei que foi para mim. Enquanto psicólogo clínico, entendo como uma possibilidade, e não uma regra, e ressalto que cada pessoa precisa encontrar seus próprios recursos, estejam eles dentro ou fora das delimitações do seu grupo étnico-racial. Contudo, aqui, exalto o samba por ter sido fator protetivo para o meu imaginário; ele foi poderosa defesa contra os ataques violentos da ideologia da supremacia racial branca que poderiam ter devastado minha autoestima e me tirado a capacidade de sonhar em, por exemplo, escrever este livro. Deixo registrado meu eterno agradecimento ao meu pai, Nelson Oliveira Santos, por me deixar o samba como uma valorosa herança. Junto do samba, minha família me ofertou outros fatores protetivos como afeto, união, escuta e contato com a cultura negra de forma ampla, profunda e contínua. Talvez o fato de eu ter conhecido primeiro a negritude e depois o racismo fez com que este chegasse tarde demais e não pudesse assaltar meu imaginário, e sequestrar minhas esperanças de viver bem.

Uma figura viva e inspiradora no meu imaginário é o personagem da música "Zé do Caroço", da sambista, cantora e compositora Leci Brandão. Segundo a música, Zé do Caroço era um morador do Morro do Pau da Bandeira que instalou um serviço de alto-falante para mandar recados e se posicionar criticamente. Um trecho do samba conta como o personagem, por querer o melhor para a favela, faz um discurso em prol do bem da comunidade na hora em que a televisão brasileira "destrói toda gente" com a novela.

O samba e outros elementos do meu ambiente familiar contribuíram para que eu tivesse uma postura crítica em relação à supremacia racial branca, mas é importante ressaltar que essa consciência não impediu que eu sofresse com temas relacionados ao racismo. Para a psicanalista e escritora feminista Joice Berth (2019, p. 55), "o fato de um sujeito pertencente a um grupo oprimido ter desenvolvido pensamento crítico acerca de sua realidade não retira a dimensão estrutural que o coloca sob situações degradantes". Assim, a consciência crítica não é o bastante: há fatores sociais que contaminam as relações inter-raciais, principalmente entre pessoas brancas e não brancas, tornando as primeiras – sobretudo o homem branco – o ideal de ser humano e relegando às demais condições inferiores, muitas vezes sustentadas pela desumanização.

A DESUMANIZAÇÃO DA POPULAÇÃO NEGRA

Neste capítulo, já vimos como africanos e africanas passaram por situações degradantes durante o trajeto da captura até o leilão de seus corpos e o modo como determinadas ideias contribuíram para que esse tratamento desumanizado fosse naturalizado, legalizado e incentivado para operar por quase quatro séculos no território brasileiro.

Adilbênia Freire Machado traz contribuições relevantes para essa discussão quando aponta que alguns dos pensadores reconhecidos como os mais importantes da história colaboraram com o processo de desumanização ao defenderem ideias racistas. Segundo a autora, o filósofo alemão Immanuel Kant (*apud* Machado, 2014, p. 3) afirmou que "os negros da África não possuem, por natureza, nenhum sentimento que se eleve acima do ridículo" e defendeu que, pela cor da pele, era possível diagnosticar se a pessoa teria condições para raciocinar ou não. No mesmo texto, ela aponta outro importante filósofo, Georg Wilhelm Friedrich Hegel (*apud* Machado, 2014, p. 3), que argumentou que a pessoa negra era "representante da natureza em seu estado mais selvagem". Hegel também descreveu a África como uma terra anárquica, habitada por canibais à espera de soldados europeus para lhes impor ordem.

Ressalto que as contribuições de Kant e Hegel para o conhecimento humano são valorosas e inquestionáveis. Este livro não investe contra o legado deles e, ao citá-los, quero apenas exemplificar que muitos autores com obras altamente influentes no modo como compreendemos a realidade se posicionaram de forma evidentemente racista, e tal fato contribuiu para disseminar ideias no mínimo desfavoráveis ao povo negro.

Com as informações expostas até aqui, procuro convidar leitores e leitoras à reflexão de que a desumanização tem muitas dimensões. Abordamos as ações operadas em navios negreiros e senzalas, mas existem outros pontos de cunho econômico, político, jurídico, religioso e estético a serem discutidos. Concordo com Lucas Veiga (2019, p. 246) quando este escreve: "A experiência da negritude é marcada pelo desprezo e pelo ódio que a branquitude projetou sobre as vidas negras desde a escravidão até os dias de hoje". Em continuidade a esse pensamento, é plausível concluir que afrodescendentes expostos de forma sistemática e contínua a desprezo, ódio, agressões físicas e violência sexual tiveram sua humanidade profundamente violada e que cabe também a nós, terapeutas, o trabalho de nos tornarmos sensíveis aos ecos da escravidão que atualmente ressoam nas pessoas negras.

O MITO NEGRO

Vamos prosseguir pelo caminho que estamos trilhando em direção ao tema formação da identidade negra. Já expus que existem fatores sociais que interferem nesse processo e citei dois deles: a supremacia racial branca e a desumanização da população negra. Este terceiro fator, o mito negro, resulta dos anteriores, dado que o primeiro elege a raça branca como referência de ser humano e sustenta que lhe cabem poder e privilégios em relação às demais, e o segundo julga que a raça negra é caracterizada pela selvageria e irracionalidade e, com isso, legitima o tratamento que negros e negras receberam durante o período da escravidão.

Quem elucida o assunto é Neusa Santos Souza (2021, p. 54) em seu livro *Tornar-se negro*: "Enquanto produto econômico, político e ideológico, o mito é um conjunto de representações que expressa e oculta uma ordem de produção de bens de dominação e doutrinação". A autora explica que na cena social existiriam pessoas negras com diversas características, mas o conjunto de representações dominantes destacaram algumas dessas atribuições, como força física, resistência à dor e aspectos ligados à sexualidade, e ocultaram outras, por exemplo, capacidade de raciocínio. O resultado dessa visão social editada, recortada e enviesada é o mito negro, o qual apresenta pessoas escravizadas como seres inferiores aos seus colonizadores e sustenta que, por conta disso, essa condição se justificaria.

Um ponto importante é que os critérios para destacar e ocultar as características que compõem o mito negro são econômicos, políticos e ideológicos e sempre buscam alocar socialmente os afrodescendentes em posição de inferioridade e podar suas potencialidades, o que inclinaria negros e negras a uma espécie de destino social condenado à feiura e subalternidade. Outro fator relevante, mencionado por Souza (2021, p. 57), é que o mito negro "busca afirmar a linearidade da 'natureza negra' enquanto rejeita a contradição, a política e a história em suas múltiplas determinações". Ou seja, a engenharia social por trás do mito negro teria mecanismos para deixá-lo invisível na cena social e essa invisibilidade levaria as pessoas a considerarem que não há mito, que seria natural pessoas negras ocuparem posições desumanas e inferiorizadas.

Mas como o mito se torna invisível? O que ocorre é que o conjunto de representações sociais dominantes, além de eleger caraterísticas pessoais a serem destacadas e ocultadas, faz o mesmo processo com informações relacionadas à política, história, economia e outras áreas do saber. Ou seja, a visão social enviesada atinge tanto o que se pensa sobre as pessoas como os fatos históricos. Assim, o mito negro segue invisível e intocável nos espaços acadêmicos, pois, para desvendá-lo, seria preciso acessar dados praticamente inacessíveis.

A compreensão do mito negro é fundamental para entender a formação da identidade negra no Brasil, pois denuncia o conjunto de representações com viés racista que determinam o que a sociedade brasileira aceita como realidade e verdade absoluta, o que significa que afro-brasileiros e afro-brasileiras compreendem o mundo a partir do ponto de vista do outro que, no caso, é o homem branco, exatamente aquele que os julgou como seres selvagens. Assim, podemos pensar que a identidade negra no Brasil sempre esteve aprisionada ora pelos navios negreiros, ora pelas senzalas. Com a abolição da escravatura, quando parecia que o sonho de liberdade seria realizado, fomos parar em uma espécie de navio-senzala ideológico: o mito negro. "Para se afirmar ou para se negar, o negro toma o branco como referencial. A espontaneidade lhe é um direito negado; não lhe cabe simplesmente ser" (Souza, 2021, p. 56).

A IDENTIDADE NEGRA

Para dar início às considerações mais detalhadas sobre a identidade negra, é preciso primeiro definir o termo identidade individual para depois chegar à identidade coletiva e, finalmente, à negra. Munanga (2012) explica que, para formar uma identidade individual, toda pessoa precisa se diferenciar das demais; por isso que, quando um bebê nasce, ele recebe um nome para se distinguir de seus irmãos. Depois, devido a um sobrenome, passa a pertencer a determinada família. Ao longo da vida, sua profissão, religião, gostos musicais e a intersecção dessas e de outras características o tornará pessoa única. Assim, a identidade individual está relacionada a um conjunto de características que a pessoa tem ou não tem, coisas que gosta ou não gosta, faz ou não faz, e que juntas compõem um belíssimo mosaico com vulnerabilidades e potencialidades singulares.

Essa percepção do que se é ou deixa de ser é construída a partir das relações interpessoais. Dessa forma, se eu estiver na Itália, direi "eu sou brasileiro, e não italiano" e, nesse sentido, a diferença não necessariamente está hierarquizada, já que não se trata de quem é melhor ou pior, afinal somos essencialmente diferentes em alguma medida e não há problema nisso quando não há hierarquização. Para Vera Rodrigues e Marco Bonfim (2023, p. 182), a identidade individual "é fruto da relação com outros sujeitos e emerge de um processo, ou seja, do desenvolvimento gradual de experiências subjetivas e objetivas interconectadas".

Tendo em mente que a identidade individual contribui para que diferentes pessoas vivam em espaços coletivos, é possível analisar aspectos da identidade coletiva que alguém adquire justamente por fazer parte de determinado grupo. A respeito da minha identidade, já compartilhei que o âmbito familiar me nutriu de cultura afro-brasileira por meio de rodas de samba, comidas típicas como a feijoada, aulas de capoeira e religiões de matriz africana. Assim, no meu caso, ser negro tem profunda relação com o que me foi apresentado na infância. No entanto, não é possível definir que uma pessoa negra é aquela que gosta de samba, aprecia feijoada e joga capoeira, pois existem afrodescendentes que não aderem a essas práticas e isso não faz com que percam a sua negritude. Negros e negras são diferentes entre si, inclusive nos tons de pele.

Mas então o que as pessoas negras têm em comum para que faça sentido adotarem a mesma identidade coletiva? Para Munanga (2012, p. 12), "A negritude ou a identidade negra se refere à história comum que o olhar do mundo ocidental branco reuniu sob o nome de negros". Assim, toda pessoa negra permanece exposta a uma cena social na qual operam fatores como racismo, supremacia racial branca, desumanização e mito negro – e essa exposição ocasiona efeitos semelhantes em cada um desses indivíduos. Ou seja, uma identidade negra coletiva.

Muitas vezes, pacientes negros e negras com recursos financeiros que atendi em consultório particular e aqueles que moravam em áreas de alta vulnerabilidade social e receberam atendimento pelo

Sistema Único de Saúde (SUS) relataram problemas semelhantes. A seguir, apresento três exemplos.

O primeiro deles é o de uma mulher que vivia em uma casa bonita, espaçosa e bem equipada, e tentava contratar um serviço de manutenção para sua residência. Quando o prestador de serviço chegou ao local e a viu ali, perguntou se poderia falar com a dona da casa, supondo que ela não poderia ser a proprietária. Na segunda situação, outra mulher, com poucos recursos financeiros, foi a uma farmácia para comprar medicação para o filho. Enquanto esperava na fila para ser atendida, um homem branco derrubou um produto da prateleira e sujou o chão. Imediatamente, ele solicitou à mulher que limpasse o local, supondo que, por ser negra, ela seria uma funcionária da limpeza. No terceiro caso, um homem branco presenteou sua esposa negra com um jantar em um restaurante frequentado por pessoas com alto poder aquisitivo. Todos os demais clientes entravam livremente, mas, quando o casal inter-racial chegou ao local, o homem foi questionado pela recepcionista se aquela mulher estaria com ele, demonstrando nítida indignação sobre o fato de uma mulher negra comparecer ao lado de um homem branco naquele espaço destinado a pessoas brancas.

Nos três casos, o fato de as pessoas serem negras determinou que outros imaginassem qual posição social elas deveriam ocupar. Esse julgamento ilustra o mito negro, que delimita o que se deve pensar sobre afrodescendentes. Podemos considerar que essas mulheres que sofreram racismo poderiam ter religiões e gostos musicais diferentes, mas o que se estabeleceu é que elas estavam em cenas sociais que as consideravam semelhantes com base na cor da pele. Retomando a questão da necessidade de uma psicologia sensível às questões étnico-raciais, parte da resposta se deve ao fato de que pessoas negras, como mencionei, compartilham uma identidade negra coletiva e por isso são expostas a um ambiente racista que pode ocasionar estresse, baixa autoestima, desesperança e tristeza, o que afeta diretamente cada uma dessas pessoas.

Após ter apresentado os conceitos de identidade individual e identidade coletiva, finalmente me dedico a escrever sobre identidade negra. Já vimos que, no início da vida, toda pessoa irá formar sua identidade individual ao interagir com família, escola e sociedade. Essa identidade será composta por um singular mosaico de "ser ou não ser" e será responsável por diferenciar aquele sujeito dos demais à sua volta. No caso de uma criança negra, as peças que receberá para montar seu mosaico terão, por exemplo, histórias de princesas brancas com subalternos negros, o que pode influenciá-la a reproduzir as configurações do mito negro. Sendo assim, a formação da identidade negra sofre significativa influência da visão do outro, ou seja, daquele que controla o conjunto de representações sociais que definem o que é realidade e verdade, tendo como modelo a supremacia racial branca. Por isso a pessoa negra, em sua formação identitária, é assediada para ter pessoas brancas como modelo para perceber a si mesma, o que a inclina fortemente para uma interpretação distorcida de si mesma.

Neusa Santos Souza é quem explica que, ao se deparar com uma identidade negra formada a partir da visão do outro, é possível que afro-brasileiros e afro-brasileiras, em diferentes graus, adquiram uma visão inferiorizada de si, ao mesmo tempo que consideram o homem branco a referência máxima de superioridade. Surge então na pessoa negra o desejo de embranquecer para ser considerada humana, ser respeitada e tornar-se gente. "Foi com a principal determinação de assemelhar-se ao branco – ainda que tendo que deixar de ser negro – que o negro buscou, via ascensão social, tornar-se gente" (Souza, 2021, p. 50).

Em conformidade com essa autora, Nobles (2009, p. 289) considera que o "embranquecimento deve ser classificado como patogênico", pois aponta o desejo de embranquecer como a base para muitas das patologias relacionadas à temática étnico-racial. Existem ao menos dois motivos para isso: a impossibilidade de uma pessoa negra embranquecer plenamente é um deles, pois, mesmo que mude de classe social, se vista e fale como branca, sua história pode ser marcada pela identidade coletiva negra e, provavelmente, seus familiares e amigos imersos naquela cultura seguirão sofrendo com o racismo – e o sofrimento do grupo interfere na vida do indivíduo pertencente a ele, ainda que distante. Outro fator é que o embranquecimento pode custar a negação de aspectos fundantes de sua identidade que estejam ligados à negritude. Desprezar tais aspectos pode ser como abandonar a si mesmo e saltar sem paraquedas em um cenário social que mais cedo ou mais tarde o classificará novamente como negro. Como disse Jorge Aragão na canção "Identidade", um preto que considera ter dignidade por ser de alma branca não ajuda as demais pessoas pretas, não resgata a identidade delas, só as faz sofrer.

O DESEJO DE EMBRANQUECER É A DOENÇA E A NEGRITUDE É A CURA

Vamos a uma história para ilustrar o conteúdo deste tópico. Peço que imagine uma criança negra que recebe na escola a tarefa de montar um mosaico. A professora oferece peças com imagens de princesas brancas felizes, homens negros com roupas sujas, príncipes brancos em seus belíssimos cavalos e mulheres negras limpando o castelo. A criança pode escolher livremente quais peças ela quer usar para montar sua atividade. O que é possível esperar da composição final do mosaico? Uma obra com pessoas brancas em posição de superioridade e pessoas negras inferiorizadas. Isso porque as peças que a professora ofereceu à criança foram selecionadas por um viés e isso faz com que, independentemente das escolhas, na prática o resultado seja o mesmo.

Agora imagine essa mesma cena, porém, após receber as peças da professora, a criança abre a mochila e apanha outras peças com imagens de princesas e príncipes negros, crianças negras realizando sonhos, uma família negra exultante. O mosaico dessa criança com peças que valorizam o seu povo possivelmente terá um menor viés de embranquecimento por utilizar um conteúdo que coloca a negritude em outro lugar. A história contada ilustra que a sociedade nos inclina para uma autodefinição partindo da visão do outro e que a exaltação da negritude pode ser um fator protetivo.

Reafirmo que nem toda pessoa negra precisa praticar religiões de matriz africana, mas é importante que tenha acesso a algum repositório de saberes afro-brasileiros que lhe forneça referências positivas de seu povo. Ao longo da vida, ela será exposta a problemas diversos relacionados ao tema étnico-racial e, se tiver contato com um coletivo ou uma rede de apoio de afrodescendentes, poderá ter acesso a informações que possam auxiliá-la a lidar com tais problemas sem que precise resolver tudo sozinha.

SER PROTAGONISTA DA PRÓPRIA HISTÓRIA

Para Munanga (2012, p. 10), se existe um problema gerado pelo fato de a identidade negra ser formada a partir do ponto de vista do outro, é preciso que afrodescendentes resgatem o protagonismo na formação de suas identidades, mas "o primeiro fator constitutivo desta identidade é a história. No entanto, essa história, mal a conhecemos, pois ela foi contada do ponto de vista do 'outro', de maneira depreciativa e negativa". Por isso a importância da Lei Federal nº 10.639/03, que torna obrigatório o ensino da história e da cultura afro-brasileiras nas escolas de ensino fundamental e médio (Brasil, 2003).

Mas como o resgate histórico pode auxiliar na formação da identidade? Primeiro, por possibilitar a retomada do passado para aprender maneiras de transformar o presente e construir um futuro melhor para as próximas gerações – ou, como defini anteriormente, "sankofar". Depois, por fortalecer uma autoidentidade coletiva negra, que difere daquela predominante na sociedade, a qual criou e sustentou a supremacia racial branca por ter sido elaborada a partir da visão do outro. Assim, ao contestar a heteroidentidade coletiva negra e fortalecer sua autoidentidade, o indivíduo negro pode intervir no conjunto de representações sociais ao

> oferecer subsídios para a construção de uma verdadeira identidade negra, na qual seja visto não apenas como objeto de história, mas sim como sujeito participativo de todo o processo de construção da cultura e do povo brasileiro (Munanga, 2012, p. 10).

A esse respeito, é importante destacar que, ao longo da história do Brasil, os elementos capazes de ressaltar aspectos relevantes para o povo negro não foram preservados em espaços convencionais de transmissão do saber, por exemplo, as universidades. Por conta disso, é de extrema importância recorrer a repositórios de saberes tradicionalmente afro-brasileiros como a capoeira, as religiões de matriz africana e a dança afro para alimentar ações em prol do protagonismo do povo negro em sua própria história.

Para as agruras do povo negro, a negritude é a cura. Na tentativa de melhor compreender essa afirmação, cabem algumas considerações importantes. Segundo Munanga (2020, p. 19), a "negritude e/ou identidade negra não nasce do simples fato de tomar consciência da diferença de pigmentação (da pele) entre brancos e negros ou negros e amarelos". Assim, é possível que uma mulher filha de um homem branco com uma mulher negra não seja reconhecida socialmente como negra à primeira vista por ter traços fenotípicos semelhantes aos de seu pai. No entanto, supondo que ela esteja em terapia e exponha que se sente pertencente ao grupo de afrodescendentes, poderão surgir muitas questões relacionadas à negritude para serem tratadas, por exemplo, o fato de ela se sentir negra em alguns momentos e, em outros, branca – algo que pode impactar significativamente a formação da sua identidade.

Não sendo definida pela cor da pele, a negritude pode ser mais bem compreendida como, conforme Munanga (2020, p. 51), "operação de desintoxicação semântica e de construção de um novo lugar de inteligibilidade da relação consigo, com os outros e com o mundo". Esse mesmo autor apresenta elementos importantes que podem contribuir para o caminho da negritude. O primeiro refere-se à solidariedade, que incentiva as pessoas negras do mundo inteiro a se unirem para se fortalecer e combater o racismo. Tal convite se estende a todos os grupos minorizados, por exemplo, os povos indígenas. A luta negra está intrinsicamente relacionada à luta pela emancipação dos povos oprimidos, então toda pessoa que se sentir oprimida tem voz nessa causa. O segundo é a fidelidade, que traz consigo a importância de permanecer em contato com a África-mãe, honrar os ancestrais, preservar a cultura, manter-se consciente de tudo que ocorreu na história do povo negro e investir em esforços para que as próximas gerações sejam cada vez mais livres. O terceiro é a identidade, que consiste em "assumir plenamente e com orgulho a condição de negro e dizer de cabeça erguida: sou negro" (Munanga, 2020, p. 50).

O orgulho de ser negro traz uma perspectiva positiva importante para essa luta que, infelizmente, tem tantas amarguras. No Brasil, também está relacionada a recuperar o sentido da palavra "negro", outrora utilizada de forma pejorativa pelos colonizadores, mas que, para a comunidade, de modo geral, é um termo que merece respeito. Afinal, "negro é a raiz da liberdade", como cantava Dona Ivone Lara na canção "Sorriso negro", de autoria de Adilson Barbado, Jair Carvalho e Jorge Portela.

TORNAR-SE NEGRO

Para complementar a reflexão sobre identidade negra, cito Neusa Santos Souza. Para a autora, ser negro é:

> Tomar consciência do processo ideológico que, através de um discurso mítico acerca de si, engendra uma estrutura de desconhecimento que o aprisiona numa imagem alienada, na qual se reconhece.
> Ser negro é tomar posse dessa consciência e criar uma nova consciência que reassegure o respeito às diferenças e que realmente reafirme uma dignidade alheia a qualquer tipo de exploração (Souza, 2021, p. 115).

Tornar-se negro não se limita exclusivamente a se perceber com determinado tom de pele. É um processo complexo que articula elementos individuais e coletivos que cada pessoa experimenta de maneira singular. Retomando o que foi discutido até aqui, o caminho consiste em reconhecer que a identidade negra foi formada a partir do ponto de vista do outro, e isso se deu na medida em que a formação dessa identidade obteve severa influência do mito negro. Este, por sua vez, foi embasado em um conjunto de representações sociais eurocêntricas que impregnou o imaginário de toda a sociedade brasileira e encarcerou afrodescendentes em uma localização social desumana, subalterna e desenraizada.

Após essa percepção, é possível observar pelo menos dois caminhos: no primeiro, a pessoa negra, imersa na narrativa do outro, toma como verdade essa visão de si e deseja embranquecer para ascender socialmente e "tornar-se gente" – sendo importante apontar que o desejo de embranquecimento pleno é inalcançável e, portanto, essa busca pode causar contínuo sofrimento. No segundo, o conjunto de representações sociais que sustenta a heteroidentidade negra coletiva é contestado e destituído do poder, ao passo que a autoidentidade coletiva negra ganha força e deposita na sociedade elementos, peças para o mosaico da identidade, capazes de alcançar o imaginário das pessoas negras e sustentar uma luta contra o mito negro. No caso de haver uma recuperação do lado negro da força na psique de determinado sujeito, eis que surge o orgulho de ser negro, a autenticidade e a força para lutar por flexibilidade e mobilidade social para estar onde quiser, viver bem em comunidade e tornar-se negro.

Por fim, retomo que a intenção não é esgotar as discussões acerca da formação da identidade negra, mas trazer contribuições para demonstrar que existem especificidades a serem consideradas por uma psicologia sensível às questões étnico-raciais, sobretudo no caso da psicologia clínica – não por ser este o campo de atuação mais importante, mas por ser o foco desta obra.

Na discussão acerca da negritude, apontei aspectos sociais e individuais, bem como caminhos para lidar com desafios. Mas meu objetivo principal foi contextualizar o cenário brasileiro, expondo meu ponto de partida para chegar às contribuições da terapia cognitivo-comportamental (TCC) para a saúde mental da população negra. Eu avalio ser esta uma das principais atribuições de terapeutas que pretendem acolher o povo negro: ouvir sua história, o que cada pessoa tem a dizer sobre si; e fazer isso antes mesmo de aplicar as ferramentas, os protocolos, os conceitos e outros recursos advindos de sua abordagem teórica.

CAPÍTULO 3

A SAÚDE MENTAL DA POPULAÇÃO NEGRA NO BRASIL

DO *BANZO* À PULSÃO PALMARIANA

Após apresentar brevemente fatos históricos ocorridos durante o trajeto que africanos e africanas percorreram até as terras brasileiras, dou continuidade à proposta inicial de "sankofar". Primeiro, retomarei a cena do leilão e daí partirei para as senzalas, local em que meus irmãos e irmãs permaneceram por séculos expostos a inúmeros fatores que comprometeram profundamente a saúde mental da população negra no Brasil.

Ana Maria Oda (2008) conta que Luís Antônio de Oliveira Mendes, advogado membro da Academia Real das Ciências de Lisboa, foi autor do primeiro estudo sobre saúde mental da população negra no Brasil, escrito no ano de 1793. Ele foi pioneiro em descrever o *banzo*, uma patologia que acometia pessoas escravizadas, cujos sintomas de profunda tristeza, saudades da África-mãe, indignação pelos maus-tratos e desesperança geralmente cessavam apenas com a morte. Clóvis Moura define tal patologia como um "estado de depressão psicológica que se apossava do africano logo após seu desembarque no Brasil. Geralmente os que caíam nessa situação de nostalgia profunda terminavam morrendo" (Moura, 2004, p. 63).

O *banzo* não pode ser considerado algo inato. Portanto é admissível concluir que o ambiente que recebeu a população africana escravizada no Brasil continha elementos capazes de ferir profundamente essas pessoas. Essas feridas e traumas atingiram cada integrante do grupo subalternizado de diferentes formas. Em alguns casos, a força ancorada na conexão com ancestrais e todos os recursos de africanidade preservados nas senzalas por meio da dança, da música e da religião foram páreos para o *banzo*; em outras situações, infelizmente, a dor tomou conta do indivíduo. Nos casos em que a opressão vivida comprometia as estruturas psíquicas do sujeito, as tentativas de suicídio eram frequentes. Alguns paravam de comer e morriam por inanição; outros tiravam a própria vida por enforcamento, afogamento ou uso das ferramentas de trabalho que tinham à disposição. Também havia aqueles que comiam terra até morrer. Será que os suicídios nas senzalas seriam tão frequentes se houvesse tratamento de saúde mental para aqueles e aquelas que ali sobreviviam? Para além do *banzo*, que outras patologias existiam e permaneceram ignoradas?

Graças à força que o povo negro carrega desde os primórdios da humanidade, muitos irmãos e irmãs venceram o *banzo* e seguiram em defesa do nosso povo. É possível que essa força seja resultado da conexão nunca perdida com aspectos importantes da cultura africana. Entre a comunidade negra, costuma-se dizer que nossos ancestrais acenderam uma chama nos primeiros tempos do mundo e nós a mantemos acesa ontem, hoje e sempre. Em tempos difíceis, nos conectamos com eles, o que nos traz a força que precisamos para seguir.

Na cidade de São Paulo, há um evento conhecido como *Samba da Vela* que simboliza muito bem esse respeito à chama dos ancestrais. Durante o encontro da comunidade, uma vela é acesa no centro de uma roda de samba e o povo fica ao seu redor, unido e cantando por horas. Esse mesmo argumento da chama ancestral pode ser encontrado em termos acadêmicos no trabalho de Marimba Ani (1994), que cunhou o conceito *asili*, que significa "germe" ou "semente" em kiswahili. A autora argumenta de forma contundente que toda cultura tem uma espécie de DNA capaz de influenciar subjetividades, comportamentos, costumes, e traz consigo soluções transgeracionais para resolver problemas e fortalecer seu povo. Ela defende que uma psicologia voltada para pessoas negras deve se conectar com *asili* para, mais do que desistir da branquitude, caminhar em direção à negritude.

Ao levar em conta a possibilidade de se conectar com a *asili* e superar o *banzo*, é possível considerar também as formas de ultrapassar as grades das senzalas e chegar aos quilombos. Como descrito por Nobles: "Em 1625, o Brasil testemunhou o estabelecimento dos quilombos e o início da longa resistência africana, hoje simbolizada no exemplo de Zumbi dos Palmares" (Nobles, 2009, p. 286). É importante lembrarmos que uma das grandes conquistas do povo afro-brasileiro foi Palmares, segundo Lélia Gonzalez, o primeiro estado livre e democrático das Américas. A autora afirma: "Durante cem anos, os palmarinos resistiram aos ataques das tropas enviadas por autoridades coloniais e pelos senhores de engenho escravistas, irritados e invejosos de sua prosperidade" (Gonzalez, 2020, p. 204). Esse quilombo foi algo tão grandioso que um dos principais ícones da luta negra é Zumbi dos Palmares, assassinado em 20 de novembro de 1695, data transformada no Dia da Consciência Negra e, em 2024, declarada feriado nacional.

Até este ponto, apresentamos os significados de *maafa*, o desastre da escravidão, e *asili*, a chama ancestral que nunca se apaga. Podemos compreender que um termo se contrapõe ao outro, e destaco isso a fim de apresentar problemas e possíveis caminhos e recursos que o povo negro criou para tentar superá-los. Nesse mesmo sentido, também a pulsão palmariana pode ser entendida como um contraponto ao *banzo*.

Nobles apresenta a pulsão palmariana como "o desejo de ser africano e livre" (Nobles, 2009, p. 296), ou seja, o desejo de ser reconhecido como ser humano, de ter valor por ser quem de fato se é, de poder celebrar a beleza da cultura africana e tornar-se negro. O autor defende a ideia de que a pulsão inclina o ser humano a praticar ações e frequentar grupos que possam reativar suas potencialidades e torná-lo mais forte para a luta, não apenas contra o racismo, mas em prol do viver bem. Sendo assim, a pulsão é nomeada palmariana por ser Palmares um lugar histórico e imaginário de alta relevância para o povo negro, uma grande república de quilombos unidos pelo lema "Quem vem por amor à liberdade fica" (Nobles, 2009, p. 286).

Já Abdias do Nascimento (2009, p. 205) explica: "Quilombo não significa escravo fugido. Quilombo quer dizer reunião fraterna e livre, solidariedade, convivência, comunhão existencial". Ao considerar o propósito dos quilombos e o exemplo de Palmares, é preciso que os espaços-quilombos sejam mantidos e se multipliquem pelo Brasil e pelo mundo, inclusive dentro das faculdades de psicologia, para que se possam formar terapeutas com olhares e práticas sensíveis às questões étnico-raciais.

Também é necessário discutir a importância de o povo negro ter acesso a personalidades, fatos históricos e outros elementos que possam sustentar um modelo potente de pessoa negra em seu imaginário. Anteriormente, apresentei o mito negro, sua engenhosa construção e seu impacto na disseminação da ideia de que pessoas negras devem ocupar espaços desprivilegiados na sociedade brasileira. Para contrapô-lo, é preciso rememorar líderes ancestrais como o Zumbi dos Palmares e produzir novas referências para as próximas gerações.

Minha irmã, Carolina Reis, concluiu sua graduação em Publicidade e Propaganda com o trabalho *A pequena sereia live-action: uma jornada transmídia*, no qual abordou como a presença ou ausência de personagens negras nos filmes da Disney podem influenciar a percepção da autoimagem de crianças negras que consomem esses produtos. Se considerarmos que, ao longo da história da companhia, as princesas foram representadas majoritariamente como mulheres brancas, faz sentido pensar que o conteúdo que hoje alimenta o imaginário de bilhões de crianças negras no mundo reproduz os padrões da ideologia de supremacia racial branca. Por isso é necessário haver uma disputa de narrativas também nesse território imaginário. No filme *A pequena sereia*, lançado em 2023, a protagonista Ariel é uma menina negra. Isso pode parecer um detalhe, mas para olhos atentos contribui para que crianças negras idealizem posições de destaque e fiquem menos suscetíveis a serem convencidas de que seu destino social é a subalternidade.

Questionar essa posição de submissão era algo inalcançável para as crianças nascidas no período da escravidão, mas isso se torna cada vez mais possível hoje em dia. Assim, é fundamental compreender a importância de aproveitar toda oportunidade para destituir do poder a supremacia racial branca que impera em muitos espaços, inclusive nos imaginários.

EFEITOS DO RACISMO NA SAÚDE MENTAL DA POPULAÇÃO NEGRA

Jeane Tavares, Carlos Jesus Filho e Elisângela Santana (2020, p. 144) citam os vários impactos do racismo nas pessoas negras segundo pesquisas realizadas em diferentes países: "Elevados níveis de estresse, ansiedade, depressão, diminuição da aspiração pessoal, medos patológicos, retraimento social, dificuldade de autocuidado, dentre muitos outros". Além de associarem o racismo a esses sintomas, eles expõem que as pesquisas na área ainda são escassas e ressaltam a importância de novos estudos que complementem o tema.

Embasado neste último artigo, acredito que, para além dos sintomas e possíveis diagnósticos que possam ser atribuídos às pessoas negras, é necessário ampliar a discussão e refletir sobre outros elementos importantes da relação raça e saúde. Em seu artigo publicado nos anos 1980 intitulado "O mito revelado", o sociólogo brasileiro Florestan Fernandes (2003) explica que, após a abolição da escravatura no Brasil, em 1888, o povo brasileiro era composto majoritariamente por negros e negras que haviam acabado de sair das senzalas. Nesse cenário pós-abolicionista, a elite brasileira tinha algumas preocupações, entre elas o medo de que os afro-brasileiros se revoltassem e exigissem medidas de reparação por terem passado séculos em escravidão. Outro ponto que incomodava os colonizadores era viver em uma nação composta por muitas pessoas negras. Isso lhes era motivo de vergonha, já que haviam disseminado a ideia de que os negros seriam como animais de trabalho e, naquele momento, precisavam dividir o país com seres que julgavam inferiores.

Para lidar com questões como essas, a elite brasileira seguiu investindo esforços para oprimir essas pessoas que não estavam mais nas senzalas, mas eram alvo de criminalização, patologização e miséria. Wilson Honório da Silva (2016), Alessandra Devulsky (2021) e Florestan Fernandes (2003) contribuem com detalhes sobre o sistema de opressão pós-abolicionista ao discorrerem sobre o plano de embranquecimento do Brasil, cujo propósito era eliminar o povo negro por meio da miscigenação. A proposta consistia em incentivar relações entre indivíduos brancos e negros para que gerassem descendentes com a pele cada vez mais clara a ponto de um dia a nação ser completamente branca, situação muito bem ilustrada em 1895 na tela *A Redenção de Cam*, do pintor espanhol Modesto Brocos.

Esse plano engenhoso e nefasto cuidava também para que o povo negro, enquanto não fosse completamente eliminado, se mantivesse dócil e obediente. Enquanto isso, a elite branca defendia que no Brasil havia uma democracia racial e negava qualquer intenção de eliminar, criminalizar, patologizar e oprimir afrodescendentes. Diziam também que a nação brasileira nascera de uma relação pacífica e amistosa entre os povos portugueses, africanos e indígenas, e que, após a abolição da escravatura, todas as pessoas tiveram oportunidades iguais e deveriam se unir como se estivessem entoando uma só canção de alegria, prosperidade e paz para a nação.

Mas então do que se trata o mito da democracia racial? Para Fernandes (2003), a ideia de existir tal democracia no Brasil é falsa, pois a relação entre portugueses, indígenas e africanos, em vez de amistosa, foi permeada por múltiplas violências e desigualdades desde os primórdios da nação e, portanto, uma relação democrática não passaria de mito. O termo pode ser compreendido também como o sistema que "leva a inviabilizar o racismo, seus mecanismos, e também, seus efeitos sobre a consciência dos não brancos" (Silva, 2016, p. 101).

E qual seria o papel desse mito na saúde mental da população negra? Os impactos são inúmeros, e aqui destacaremos dois deles. Em primeiro lugar, o mito da democracia racial é uma nuvem branca que esfumaça as discussões raciais, tornando-as muitas vezes impraticáveis na cena social brasileira. Em meu trabalho com pesquisas relacionadas ao tema, escutei inúmeras vezes a frase "agora a escravidão já passou e não há mais nada para falar sobre isso". Com frequência, estudantes de diferentes regiões do país me procuram para dizer que gostariam de pesquisar sobre o assunto, mas seus orientadores afirmam que a temática não tem relevância nem referências bibliográficas que sustentem uma pesquisa. Fica evidente que a nuvem branca de fumaça opera para tornar o tema étnico-racial irrelevante, invisível e desprezível nos espaços acadêmicos – e isso dificulta, e muitas vezes impossibilita, tanto o avanço das pesquisas como a entrada de pessoas negras nesse universo. Não é incomum que esse grupo seja empurrado para dentro das grades de senzalas, manicômios e presídios, e para fora das grades curriculares.

O segundo é que muitas pessoas se descobrem negras tardiamente, já na fase adulta e, nesses casos, a fumaça branca do mito da democracia racial acaba por dificultar a descoberta e a aceitação da negritude. É possível que, na infância e adolescência, tenham acreditado que o tema étnico-racial era irrelevante de tanto ouvirem frases como "não tem essa de negro ou branco, quem quer mesmo vai lá e faz" e "as oportunidades são iguais para todo mundo, é só se esforçar que você consegue", entre muitas outras declarações falaciosamente proferidas em defesa de uma suposta democracia racial.

Prosseguindo com a discussão sobre os elementos envolvidos na relação entre raça e saúde, eu pergunto: o que é possível ver ao superar o mito da democracia racial e dar um passo à frente na compreensão dos efeitos do racismo nas pessoas negras? Ao avançarmos, podemos refletir que, do ponto de vista de saúde mental, muitas das patologias atribuídas ao povo negro têm relação direta com a exposição a um ambiente racista e não podem ser consideradas inatas. Tavares, Jesus Filho e Santana (2020) explicam que, no início do século XX, profissionais e pesquisadores aliados ao racismo científico defendiam que pessoas negras e miscigenadas eram inclinadas a ser violentas e a desenvolver transtornos psiquiátricos graves, além de serem inferiores intelectual e moralmente. E alertam que o

> deslocamento de responsabilidade da sociedade para o indivíduo fazia parte do esforço de apagamento da história de escravização e impedia a identificação do racismo como determinante na saúde física e mental da população negra (Tavares, Jesus Filho e Santana, 2020, p. 141).

Aqui, destaco um dos principais expoentes da luta contra o racismo científico: Juliano Moreira, um médico e psiquiatra de Salvador. Segundo Oda e Dalgalarrondo (2000), ele lutou bravamente contra seus colegas de profissão que disseminavam ideias racistas e eugenistas que já dominavam a psiquiatria brasileira nas primeiras décadas do século XX. Ao superar o racismo científico e o mito da democracia racial, é possível compreender que os efeitos do racismo nos indivíduos negros estão intimamente ligados ao ambiente a que esse grupo étnico é exposto, como os navios negreiros ou as senzalas, por exemplo.

A seguir, articulo contribuições teóricas de Abrão Junior (2023), Tavares, Jesus Filho e Santana (2020), Barbosa e Sampaio (2023),

Bento (2022) e Fanon (2020) para apresentar as três concepções de racismo – individual, institucional e estrutural – e como cada uma delas pode interferir na saúde mental de uma pessoa negra.

Racismo individual

Em atendimentos psicoterápicos, pacientes por vezes dizem frases como: "Meu colega de trabalho disse que me considera incompetente por eu ser uma mulher negra", "minha colega da escola disse que meu cabelo crespo é muito feio", "uma mulher na rua correu de mim e disse que achava que eu iria assaltá-la". Essas falas indicam que um indivíduo investiu contra outro para desvalorizá-lo devido à sua raça. Como efeitos dessa exposição, é comum sintomas como estresse, dificuldade de manejar a raiva, insônia e somatizações. Em casos assim, a origem do racismo é subjetiva e parte de alguém – ou de um grupo – que pratica o ato sem necessariamente ter vínculo com uma instituição, determinado país ou outra coisa que a influencie a pensar e agir dessa forma.

Racismo institucional

Tanto Tavares, Jesus Filho e Santana (2020) como Barbosa e Sampaio (2023) sinalizam que é de extrema importância estudar as instituições brasileiras para compreender os impactos do racismo nas pessoas negras. A psicóloga e ativista brasileira Cida Bento (2022, p. 23) convida para um aprofundamento no tema: "Fala-se muito na herança da escravidão e nos seus impactos negativos para as populações negras, mas quase nunca se fala da herança escravocrata e nos seus impactos positivos para as pessoas brancas". A autora pede atenção para o fato de as instituições serem o lugar no qual pessoas brancas podem ocupar posições de poder e usufruir de benefícios que seus antecessores adquiriram à custa da escravidão. Esses mecanismos de manutenção da desigualdade racial nem sempre são aparentes, mas seus resultados são perceptíveis.

Por mais que digam que os processos seletivos de contratação feitos em empresas são neutros e objetivos, o quadro de funcionários acaba sendo majoritariamente branco, sobretudo nos cargos mais altos das instituições. Para que uma pessoa negra consiga ascender profissionalmente, ela precisa compreender os códigos da branquitude, que são de difícil acesso para indivíduos não brancos. Em resumo, a elite branca se protege e se ajuda para manter o poder e os privilégios sob seu domínio há séculos. Em seu trabalho, Bento (2022) contribui para desvendar o pacto da branquitude, que precisa ser desmascarado e combatido para que as instituições avancem de fato no trato das questões étnico-raciais.

Em *Pele negra, máscaras brancas*, Frantz Fanon traz célebres contribuições à discussão sobre racismo institucional. Segundo aponta, entre todas as instituições, existe uma que merece muita atenção, por ser o núcleo da vida em sociedade: a família. Para o autor, "a sociedade é efetivamente o conjunto das famílias. A família é uma instituição que prenuncia uma instituição mais ampla: o grupo social ou nacional" (Fanon, 2020, p. 164). Desse modo, a forma como a reprodução do racismo ocorre nas relações familiares é descrita com bastante profundidade em sua obra. Nos capítulos "A mulher de cor e o branco" e "O homem de cor e a branca" é possível compreender como as relações conjugais inter-raciais são marcadas por sentimentos, comportamentos e interesses antagônicos oriundos do atravessamento da raça e da cor.

Para além das questões conjugais, o autor avança ao apontar pelo menos três formas por meio das quais a instituição familiar colabora com a manutenção da supremacia racial branca. A primeira é quando a família branca forma indivíduos acríticos do poder e dos privilégios que herdaram do sistema escravagista, e os incentivam a manter essas conquistas na base de mais opressão. A segunda ocorre, no caso de uma família inter-racial, quando o lado branco oprime o lado negro, de forma voluntária ou não, e o coloca em posição de subalternidade. A terceira se dá quando uma família negra consegue educar uma criança ressaltando aspectos positivos da negritude e consciente de seus potenciais; no entanto esse indivíduo bem cuidado, "ao primeiro olhar branco, sente o peso da melanina", considerando que a pessoa negra que ingressa no mundo branco entrará em contato com um agente opressor treinado por uma instituição-família-branca.

Com base nesses apontamentos sobre o racismo institucional, convido lideranças de escolas, universidades e empresas à reflexão: os gestores e gestoras precisam tomar consciência de que, se nada for feito para combater o racismo, ele será reproduzido e disseminado dentro dos estabelecimentos sob suas responsabilidades. Em meu trabalho como consultor e supervisor institucional, percebo que o avanço do tema nas instituições depende diretamente da coragem da equipe de se assumir racista, contratar pessoas negras, realizar treinamentos de letramento racial e, principalmente, mediar conflitos, disputas e mobilizações emocionais que consequentemente surgem na medida em que o tema ganha profundidade. Sem que haja tensão entre as partes brancas e não brancas e uma boa mediação da liderança, o racismo prevalece por ser fruto de uma estrutura social secular.

Em meio a tantos apontamentos críticos que destinei à supremacia racial branca, é de extrema importância reiterar que esse livro se posiciona contra essa ideologia, mas não contra pessoas brancas.

Tenho a intenção, aqui, de manter viva a indagação de Frantz Fanon (2020, p. 24): "É fato: os brancos se consideram superiores aos negros. Mais um fato: os negros querem demonstrar aos brancos, custe o que custar, a riqueza de seu pensamento, o poderio equiparável de sua mente. Como escapar disso?". A resposta para essa pergunta complexa não cabe a mim, mas acredito que, para caminhar em direção a ela, será fundamental que pessoas negras e não negras fiquem frente a frente e suportem as tensões e mobilizações emocionais das relações mediadas pelo racismo. Somente assim teremos a possibilidade de reorganizar as relações interpessoais e institucionais no Brasil – e talvez no mundo.

Racismo estrutural

As instituições opressoras variaram, entretanto mantiveram certa similaridade. Do mesmo modo, os efeitos do racismo na saúde mental das pessoas também mudaram, mas conservaram alguma semelhança que se perpetuou. Para Tavares (2017, p. 73), "o suicídio na população negra brasileira é um fenômeno que remete ao processo de escravidão de africanos e à persistência do racismo estrutural no Brasil". A autora acrescenta que, ao longo da história do povo negro, a vontade de morrer sempre esteve presente de modo significativo.

Se o problema já estava presente nos navios negreiros e nas senzalas, ele persistiu, como é possível verificar na cartilha *Óbitos por suicídio entre adolescentes e jovens negros,* lançada pelo Ministério da Saúde em 2018. A publicação mostra que, no Brasil, um jovem negro tem 45% de chances a mais de tentar suicídio do que um jovem branco. Entre as causas associadas estão a não aceitação da identidade racial e os sentimentos de inferioridade e incapacidade. A cartilha também apresenta outro dado alarmante: a primeira causa de morte de jovens negros é o homicídio – ou seja, se eles não tiram a própria vida, acabam sendo mortos. Segundo dados apresentados no *Mapa da violência 2012: a cor dos homicídios no Brasil,* a cada 23 minutos morria um jovem negro no país (Waiselfisz, 2012).

Essas contribuições ressaltam a urgência de existir uma psicologia sensível às questões étnico-raciais e capaz de analisar melhor tanto aspectos subjetivos e clínicos de afrodescendentes como fatores sociais, individuais, institucionais e estruturais que poluem o ambiente ao qual pessoas negras estão expostas.

CAPÍTULO 4
A COLONIZAÇÃO DA PSICOLOGIA

A respeito do termo "colonização", o cientista social Deivison Faustino (2023, p. 70) afirma: "Da colônia agrícola à colônia de bactérias [...] essa noção recebe sentidos diversos sempre relacionados, no entanto, à ocupação parasitária de uma entidade por outra". Sendo assim, quando utilizo a expressão colonização da psicologia, defendo que a ciência foi dominada da mesma maneira que corpos humanos e terras também o foram em tempos coloniais. Mas qual o motivo dessa dominação? Os colonizadores, como uma espécie de parasita, utilizaram as ferramentas da psicologia para dar seguimento ao projeto colonial que, por um lado, visava impor a raça branca como modelo de saúde, inteligência e beleza e, por outro, patologizar, inferiorizar e subordinar as pessoas não brancas. Para sustentar essa argumentação, recorro de forma bastante sucinta a fatos importantes da história da psicologia brasileira.

Ana Mercês Bock (2015) aponta que até 1970 a psicologia servia à elite. As práticas psicológicas realizadas em escolas, empresas e hospitais contribuíam para que sujeitos fossem convencidos de que a melhor opção era se adaptar ao sistema desenhado por aqueles que dirigiam a sociedade. A pessoa considerada não adaptada poderia ser submetida a uma bateria de testes, um punhado de técnicas, uma porção de conceitos. Todo esse aparato psicológico, em tese, teria condições de comprovar cientificamente a loucura e inadaptação da pessoa avaliada. O problema é que essa avaliação apresentada como neutra e objetiva era como um jogo de cartas marcadas.

Dentro das universidades, terapeutas recebiam conteúdos e treinamentos enviesados que inclinavam suas conclusões a favor do eurocentrismo. Na prática, estudantes tinham acesso às ideias e obras exclusivamente de autores brancos europeus e estadunidenses, como se não houvesse outros tipos de conhecimentos úteis para a profissão. Em um segundo momento, era obrigatório que o profissional escolhesse um desses teóricos e baseasse suas práticas exclusivamente nas ideias dele. Estudantes aplicariam seus conhecimentos nos estágios com a crença de que as teorias que tinham em mãos eram universais e não precisariam de adaptações ou revisões, mesmo que tivessem sido elaboradas por um povo desconhecedor de certas singularidades (tanto do estudante quanto do paciente) e com objetivos evidentemente relacionados à estrutura colonizadora. A pergunta que fica é se essas teorias e práticas realmente davam conta das demandas dos pacientes atendidos em estágios, consultórios e instituições.

Em seu artigo intitulado "A psicologia e o discurso racial sobre o negro: do 'objeto da ciência' ao sujeito político", Lia Schucman e Hildeberto Martins (2017) apresentam valiosas contribuições ao tema ao dividirem a história da psicologia em três momentos. No fim do século XIX, a raça ainda era considerada um fator biológico e, a partir disso, teóricos como Raimundo Nina Rodrigues defendiam a ideia da degeneração da raça, que consistia em dizer que ser ou descender de ao menos uma pessoa negra era um fator que predispunha o sujeito a patologias de saúde mental e comportamentos inadequados.

Já por volta dos anos 1930, o campo da saúde mental brasileira começou a abandonar tal premissa para assumir uma postura aparentemente apaziguadora, com o escritor Gilberto Freire e colegas defendendo a miscigenação amistosa e harmoniosa, afirmando que não existia desigualdade racial no país, e sim uma só nação, igualitária e próspera. Esse mito da democracia racial muito prejudicou o avanço da psicologia com uma perspectiva mais crítica. A partir da década de 1970, ocorreram grandes movimentações no campo da psicologia, período em que a raça passou a ser compreendida como uma construção social, e não um fator biológico e leis e reformulações curriculares foram propostas na tentativa de resgatar a psicologia dos braços do colonizador.

Certamente, muitos avanços chegaram à área da psicologia durante o período, quando diversas entidades, como conselhos, coletivos e organizações sem fins lucrativos travaram uma luta árdua contra as opressões e alcançaram novos patamares que serão expostos mais adiante. No entanto, Tatiana Gomez Espinha (2017) não apresentou boas notícias para os terapeutas quando expôs os resultados de sua tese de doutorado, *A temática racial na formação em psicologia a partir da análise de projetos político-pedagógicos: silêncio e ocultação*. Após pesquisa robusta, a profissional apontou que os cursos de psicologia no Brasil seguiam com docentes, discentes e referencial teórico majoritariamente brancos. Além disso, pouquíssimas disciplinas abordavam questões raciais; quando o faziam, era de forma pontual e sem possibilidade de aprofundamento, por exemplo, no caso das tensões sociais entre brancos e negros. E, de forma geral, por mais que existisse um discurso de psicologia antirracista em algumas universidades, na prática não foram feitos avanços significativos nos currículos nem nas formas de tratar as pessoas negras e seus temas de interesse. Por fim, a autora concluiu que a formação em psicologia no país seguia – e ainda segue – carente de uma reforma estrutural, não muito diferente do que ocorreu em outras áreas do conhecimento nos últimos cem anos.

Faço críticas severas a essa psicologia exclusivamente eurocêntrica ensinada nas universidades brasileiras, ao mesmo tempo que valorizo e sou estudioso das obras de autores europeus ou americanos como Freud, Skinner e Aaron Beck, entre tantos outros. Afirmo isso sem correr o risco da contradição, pois a crítica não é destinada especificamente aos autores e não invisto esforços para vê-los fora das grades curriculares. Meu foco é incluir nessas grades as obras de afrodescendentes como Neusa Santos Souza, Frantz Fanon, Lucas Veiga, Jeane Tavares e outras literaturas não brancas, como a magnífica psicologia com referências indígenas de Geni Nuñes (2023) no livro *Descolonizando afetos*. Nesse sentido, concordo com a escritora nigeriana Chimamanda Ngozi Adichie (2019) quando ela pede atenção para o perigo da história única, de acreditar que uma única versão carrega consigo a verdade sobre todas as coisas do mundo. Essa história da psicologia que conhecemos como supostamente verdadeira foi criada por e para um povo específico, em determinado tempo e lugar, influenciada por questões políticas, sociais, econômicas e geográficas bastante peculiares. Como poderia ela explicar tudo sobre pessoas das quais não sabe nada?

Assumir uma visão de mundo como única e verdadeira é uma postura etnocêntrica. Para Munanga (2016, p. 181), o etnocentrismo "é um termo que designa o sentimento de superioridade que uma cultura tem em relação às outras. Consiste em acreditar que os valores próprios de uma sociedade devam ser considerados universais". Isso ocorre quando um grupo étnico composto por pessoas que se sentem integradas por compartilharem, por exemplo, língua, território, história, ancestralidade e tradições passa a acreditar que é detentor da beleza, da bondade e da justiça, e identifica um grupo diferente como defeituoso, impróprio e inferior. O problema aqui está na hierarquização das diferenças, pois ser diferente é natural. É exatamente ao classificar pessoas com base nessas diferenças e utilizar isso como justificativa de dominação que ocorrem ações relacionadas à colonização, ao eurocentrismo e ao etnocentrismo.

A identificação com um grupo étnico não necessariamente ocasiona o etnocentrismo. Pode ser muito saudável uma pessoa negra se identificar com seu grupo étnico e compartilhar músicas, roupas, idioma e reverenciar os mesmos ancestrais. A etnicidade pode estar relacionada a fatores que contribuem ou atrapalham as investigações e intervenções psicoterápicas e, por isso, precisa ser considerada junto das questões raciais. De maneira sucinta, a raça representa a forma como a sociedade vê determinada pessoa, e a etnia traduz como ela se vê e enxerga o grupo ao qual pertence.

Em relação à psicologia, esse campo de estudos infelizmente foi e ainda é dominado por ideias eurocêntricas e estadunidenses. Por conta disso, posso afirmar que ainda está colonizado, cabendo a nós, profissionais da área, levar adiante o processo de descolonização.

CAPÍTULO 5

ECOS DA ESCRAVIDÃO

Sem a intenção de esgotar o tema, esta primeira parte da obra foi dedicada a contextualizar a pergunta-chave lançada no início. Meu propósito foi favorecer uma escuta sensível aos ecos da escravidão e, para isso, viajamos por fatos históricos ocorridos em um longo período que contemplou a captura de pessoas em terras africanas, passou por sua chegada ao Brasil nos navios negreiros, pelas senzalas e pelo período pós-abolicionista para, finalmente, chegar à formação em psicologia oferecida atualmente nas universidades brasileiras. Agradeço a atenção de leitores e leitoras para em tão pouco tempo termos passado por mais de quinhentos anos de história. Ao fim, "sankofamos": ao retomar o passado para recuperar o que foi perdido, lutamos no presente por um futuro melhor para as próximas gerações.

Nesse início de jornada, apresentei conceitos, autores e autoras indispensáveis para o estudo e pesquisa das relações entre a psicologia brasileira e as questões étnico-raciais. Espero ter contribuído para a compreensão da necessidade e urgência de uma psicologia sensível às questões étnicas, sejam elas relacionadas a linguagens, tradições e ancestralidade, ou raciais, com destaque para características visíveis como textura do cabelo, tom da pele e formato do nariz. Essa sensibilização colabora para o entendimento dos impactos dessas questões na saúde mental da população negra no Brasil.

A Parte II se propõe a efetivamente responder à pergunta inicial: por que precisamos de uma psicologia sensível às questões étnico-raciais?

Antes de caminharmos para a resposta, finalizo com mais uma reflexão:

A psicologia brasileira não é feita *por* pessoas pretas, não é pensada *para* pessoas pretas, não conhece os problemas *das* pessoas pretas, não representa *as* pessoas pretas. Muitas pessoas pretas não confiam nem procuram terapia ou, se o fazem, abandonam quem já as tinha abandonado. Então... mãos à obra! No Brasil, há mais de cem milhões de pessoas esperando avidamente por uma *psicologia preta*.

PARTE II
CAMINHOS PARA TORNAR A PSICOLOGIA CLÍNICA MAIS SENSÍVEL ÀS QUESTÕES ÉTNICO-RACIAIS

CAPÍTULO 6

A JORNADA DA SENSIBILIZAÇÃO:
ESTUDOS CRÍTICOS, DECOLONIAIS, AFROCENTRADOS E ANTIRRACISTAS

Na primeira parte deste livro, mostrei a importância de a psicologia ser sensível a questões étnico-raciais. Darei continuidade às reflexões com contribuições teóricas que podem auxiliar terapeutas a sensibilizarem seus olhares e fazeres clínicos. Admito que a sensibilização geralmente é tarefa difícil e complexa, pois em alguns momentos exige esforços para ver além das fronteiras das grades curriculares dos cursos de psicologia.

No intuito de auxiliar profissionais que pretendem trilhar essa jornada, neste capítulo apresentarei contribuições de pesquisadores e pesquisadoras que, ao longo da história, se dedicaram ao movimento antirracista e ao estudo crítico da psicologia eurocêntrica e estadunidense dominantes nos espaços acadêmicos mundiais. As principais referências utilizadas são Simone Nogueira, Raquel Guzzo e Roberta Frederico, autoras de trabalhos que apresentam três perspectivas sistematizadas da psicologia, como serão exibidas adiante. Tais obras foram importantes ao longo do meu desenvolvimento pessoal, como homem preto, e profissional, como psicólogo, pois serviram para abrandar minhas angústias e auxiliar em meu amadurecimento.

Neste livro não tenho a intenção de indicar teorias definitivas, fechadas ou universais. Nas páginas seguintes, o que apresento são referenciais teóricos, conhecimentos e aprendizados que embasaram minha atuação como psicólogo para populações residentes em áreas de alta vulnerabilidade social. O trabalho foi desenvolvido por aproximadamente uma década em atendimentos no Sistema Único de Saúde (SUS) de periferias da cidade de São Paulo. Esse arcabouço teórico embasa também minhas palestras, aulas, supervisões clínicas e institucionais, pesquisas e práticas clínicas com pacientes de diferentes grupos étnico-raciais que residem em diversos lugares do mundo.

Em linhas gerais, as pesquisas a que me refiro apontam que a psicologia tradicionalmente ensinada nas universidades tem contribuições e valores incontestáveis, mas carece de revisões, adaptações e aprimoramentos. E, principalmente, deve ser destituída do lugar de única e universal. As três perspectivas da psicologia que discuto são: crítica, decolonial e afrocentrada. Para complementar o referencial teórico, trarei também questões importantes para o movimento antirracista. Posteriormente, esse material servirá como base para as discussões sobre a prática clínica sensível às questões étnico-raciais.

No decorrer da leitura, será possível perceber que alguns temas se repetem nas três perspectivas apresentadas e nos estudos antirracistas. Descrever as repetições é muito relevante para este trabalho, pois elas delineiam a essência da clínica sensível às questões étnico-raciais que foi elaborada por pesquisas realizadas em diferentes tempos, lugares e grupos de estudos. Ao longo do livro, apresentarei também as complementariedades, ou seja, as contribuições específicas de cada perspectiva.

PSICOLOGIA CRÍTICA

Essa vertente da psicologia tem como base a teoria crítica, a qual tive a oportunidade de conhecer durante a graduação. Devido ao apreço e respeito que desenvolvi por essa abordagem, utilizei-a para fundamentar minha monografia intitulada *A música contemporânea: arte ou produto da indústria cultural? Uma articulação teórica* (Reis, 2007).

A teoria crítica, também conhecida como Escola de Frankfurt, teve início na década de 1920 na Alemanha. Seus principais teóricos foram Herbert Marcuse, Theodor Adorno, Walter Benjamin, Erich Fromm e Max Horkheimer. Uma obra de grande impacto no período é o livro *Indústria cultural e sociedade,* em que Adorno (2002) descreve com riqueza de detalhes como a arte é utilizada como ferramenta para manter o domínio socioeconômico dos diretores gerais, proprietários dos meios de produção, em relação às massas, ou seja, as demais pessoas da sociedade, principalmente as de grupos minorizados.

O professor Wolfgang Leo Maar (2003), em concordância com o frankfurtiano, argumenta que não somente a arte, mas a educação e todas as áreas de estudo podem servir de ferramentas para a manutenção do poder, pois todos esses dispositivos são comumente utilizados no âmbito social para eleger enviesadamente determinadas informações, elaborar um discurso ideológico, torná-lo hegemônico e realizar a manutenção das desigualdades sociais e do monopólio do poder.

Os argumentos da Escola de Frankfurt possibilitaram que especialistas tivessem recursos para analisar criticamente suas áreas de estudos, e assim nasceu a psicologia crítica. Segundo Nogueira e Guzzo (2016), a perspectiva tomou mais consistência a partir da década de 1990 na Alemanha e no Reino Unido. A publicação do livro *Critical psychology*, de Dennis Fox e Isaac Prilleltensky, e os trabalhos de Ian Park contribuíram significativamente para a estruturação e avanços desse campo teórico. Um diferencial importante dessa perspectiva é que nela homens brancos europeus destinavam esforços para denunciar que seus semelhantes teorizavam e praticavam uma psicologia que era dessensibilizada das reais demandas de grupos minorizados e corroborava com a manutenção das desigualdades sociais e a perpetuação do sofrimento das massas.

As reflexões de Roberta Maria Frederico, intelectual de grande destaque nos estudos brasileiros de psicologia, raça e racismo seguem essa mesma linha de raciocínio. Para a autora, "a psicologia crítica é uma abordagem teórica que desafia a psicologia hegemônica a assumir um posicionamento político sobre os problemas sociais" (Frederico, 2021, p. 53).

Algumas contribuições da psicologia crítica que auxiliam no caminho de uma prática clínica sensível às questões étnico-raciais estão elencadas nos trabalhos de Nogueira e Guzzo (2016) e Frederico (2021):

a. **Não reproduzir o etnocentrismo:** os estudos eurocêntricos em psicologia tendem a priorizar algumas informações e excluir outras. Isso se torna um grande problema quando uma teoria baseada em valores de determinado grupo étnico é aplicada a outro que não compartilha dos mesmos valores. Um exemplo seria uma teoria com viés individualista ser aplicada a um grupo mutualista. Estamos diante do problema do etnocentrismo, que ocorre quando uma etnia impõe a outra o seu modo de compreender e viver a vida.

b. **Não colaborar com a manutenção do *status quo*:** um trabalho acadêmico com viés eurocêntrico geralmente é insuficiente nas análises dos impactos morais e políticos de suas teorias e práticas. Por conta disso, mesmo com boas intenções, pode favorecer intervenções clínicas que colaborem com a manutenção do *status quo*. Um exemplo seria um paciente que sofre racismo e, ao relatar o fato a seu terapeuta, recebe uma intervenção que busca convencê-lo de que sua interpretação da realidade estaria distorcida. Esse tipo de ação pode perpetuar o mito da democracia racial e contribuir para manter o *status quo*, uma vez que relaciona a negação do racismo com um atendimento psicoterápico inadequado ao povo preto.

c. **Considerar que a psicologia eurocêntrica, ao ser adaptada, pode ser eficaz quando aplicada a grupos minorizados:** "A psicologia crítica reconhece a possibilidade de psicólogos poderem obter resultados progressistas ainda que utilizem métodos e pesquisas hegemônicas" (Frederico, 2021, p. 54). Assim, as teorias tradicionais não precisariam ser descartadas. A proposta seria revisá-las, atualizá-las e, sempre que possível, usufruir de todas as suas valiosas contribuições teóricas.

d. **Reivindicar que a psicologia tradicional assuma seus vieses ideológicos eurocêntricos:** a psicologia com viés eurocêntrico costuma se afirmar neutra, objetiva e científica. Por conta disso, primeiramente, ela precisa reconhecer suas bases ideológicas e assumir que não é universal para depois revisar teorias e métodos sempre que se propuser a tratar uma pessoa de um grupo étnico que desconhece ou conhece pouco.

e. **Realizar análises críticas em todas as teorias psicológicas:** não basta fazer trabalhos acadêmicos que apenas reproduzam o que foi dito anteriormente. É preciso atualizar de fato as pesquisas. Cabe também desistir do apego às teorias hegemônicas e mesmo da obediência cega destinada a elas. Ressalto que criticar áreas como a psicanálise e a terapia cognitivo-comportamental (TCC) pode ser uma atitude respeitosa, necessária e produtiva para as teorias criticadas.

f. **Identificar padrões ideológicos e elaborar estratégias para lidar com eles:** a psicologia crítica se propõe a identificar padrões ideológicos nas teorias, práticas e pesquisas hegemônicas, e criar estratégias e métodos para desvendá-los a fim de reduzir e eliminar seus impactos.

PSICOLOGIA DECOLONIAL

Nessa segunda perspectiva, denominada psicologia decolonial, apresento ideias de pensadores e pensadoras que somaram esforços com a psicologia crítica. Suas reflexões prosperaram na década de 1970, a partir do diálogo entre povos da América Latina e do continente africano. A origem geográfica dessas ideias fez com que Nogueira e Guzzo (2016) as considerassem epistemologias do sul global. As autoras creditam ao psiquiatra e filósofo martinicano Frantz Fanon a autoria das primeiras obras que embasaram esse movimento em prol da descolonização da psicologia. Também apresentam outros nomes importantes dessa perspectiva: Maritza Montero (Venezuela), Ignacio Dobles (Costa Rica), Bernardo Jiménez-Dominguez (Colômbia/México), Jorge Mario Flores (México) e Edgar Barrero (Colômbia).

Nogueira e Guzzo (2016) explicam que os esforços destinados à descolonização da psicologia vieram de diferentes correntes teóricas, como a psicologia da libertação e a pós-colonial. Neste livro, reúno essas correntes de modo didático, considerando que todas elas pressupõem que a psicologia foi colonizada e deve ser tirada das garras da supremacia racial branca e colocada amplamente a serviço dos grupos minorizados.

O termo que identifica esse conjunto de teorias é psicologia decolonial, cuja escolha tem como base as contribuições de Anibal Quijano (2005). O autor explica que, mesmo com o fim do período colonial no Brasil nas primeiras décadas de 1800, os problemas não findaram, já que a sociedade foi estruturada a partir do regime escravagista e, consequentemente, das desigualdades sociais que até hoje persistem. Dessa forma, o termo "descolonizar" está relacionado a investir esforços contra a colonização e "decolonizar" diz respeito à adoção de uma postura crítica que tem como referência a colonialidade. Em vista disso, o nome psicologia decolonial remete a uma psicologia que tem consciência dos problemas da atualidade, bem como de suas respectivas origens no colonialismo.

Nogueira e Guzzo (2016) e Frederico (2021) destacam a psicologia da libertação como umas das correntes mais importantes da psicologia decolonial. Seu idealizador, Ignácio Martín-Baró, apresenta caminhos para a sensibilidade terapêutica voltada às questões de grupos minorizados no artigo intitulado "O papel do psicólogo". No texto, ele sugere que quem se propõe a trabalhar com psicologia "deve ajudar as pessoas a superarem sua identidade alienada, pessoal e social, ao transformar as condições opressivas do seu contexto" (Martín-Baró, 1997, p. 7). Em consonância com o processo de tornar-se negro, descrito no segundo capítulo desta obra, Martín-Baró apresenta passos importantes que auxiliam o sujeito minorizado a se libertar do destino social imposto a ele.

As três etapas desse processo de conscientização são:

1. A pessoa se transforma ao mesmo tempo que modifica sua realidade e vice-versa. Não se trata de seguir uma sequência de pensar, sentir e agir para depois ter resultados. Tudo acontece simultânea e dialeticamente.

2. Na medida em que a pessoa percorre sua jornada de libertação, ela toma consciência dos mecanismos sociais que a desumanizam e oprimem. Consciente desses mecanismos, é possível enfrentá-los para ver e ir além de suas barreiras. Assim, de forma cíclica, surgem novas possibilidades que culminam em práticas exitosas que acabam por gerar outras possibilidades.

3. A consciência de ser um sujeito dentro de uma história, bem como as delimitações que lhe foram impostas e os pontos frágeis dessas imposições possibilitam a movimentação social e o protagonismo. "Assim, a recuperação de sua memória histórica oferece a base para uma determinação mais autônoma do seu futuro" (Martín-Baró, 1997, p. 16).

Com base em todos esses estudos teóricos apresentados, descrevo as contribuições da psicologia decolonial para uma prática clínica sensível às questões étnico-raciais:

a. **Ter conhecimento aprofundado dos efeitos do colonialismo na colonialidade:** as diferentes pesquisas que compõem o universo da psicologia decolonial concordam que o fim legal e burocrático da colonização não cessou os problemas por ela ocasionados. As reflexões partem do princípio de que na era da colonialidade houve a reprodução e perpetuação dos problemas sociais originados no colonialismo.

b. **Trabalhar para a desideologização:** a psicologia hegemônica foi elaborada a partir da ideologia dos povos europeus e estadunidenses. Por conta disso é extremamente necessária a identificação desses vieses ideológicos a fim de adaptá-la e reformulá-la. O diferencial da psicologia decolonial é que suas teorias geralmente são de origem latino-americana ou afrodescendente, ou seja, formuladas por pessoas que pertencem a grupos que sofreram as consequências da colonização. O pertencimento permite contribuições tanto de forma teórica como com base em experiências pessoais e coletivas, em que a história de vida das pessoas que pesquisam tem muito valor.

c. **Não basta ser científico, precisa ser útil:** na psicologia decolonial, são as pessoas atendidas que apresentam as principais evidências e provas de que o tratamento funciona. São suas perspectivas que devem ser consideradas para que seja possível alguma compreensão de como suas realidades são ou poderiam ser, entre outras camadas exploráveis.

d. **Considerar que a psicologia com viés eurocêntrico não precisa ser descartada:** tal conhecimento pode ser muito útil para determinadas pessoas e grupos. Muitas teorias elaboradas por e para um grupo étnico podem ser adaptadas para outros; não se trata de exclusão, e sim de customização.

e. **Considerar que o amadurecimento das pessoas passa pela conscientização da sua localização social e memória histórica:** uma pessoa que resgata sua memória história obtém condições para se tornar protagonista no presente, transformar seu próprio futuro e beneficiar seu grupo.

A psicologia decolonial traz muitas contribuições sobre a importância de ouvir pacientes, adaptar as teorias e técnicas e se esforçar para ser, de fato, útil. Essas reflexões me fazem lembrar dos primeiros anos em que trabalhei no SUS quando, recém-formado, me deparei com uma agenda repleta de casos complexos que careciam de intervenções em grupos, visitas domiciliares e consultas compartilhadas com equipe interdisciplinar. Todos esses procedimentos ocorriam muitas vezes sem os recursos necessários, como salas para atendimentos e isolamento acústico para manter a privacidade de pacientes. Foi nesse ambiente de trabalho que compreendi a necessidade de adaptar, reformular e questionar aquilo que havia aprendido na universidade, apesar de todos os recursos acadêmicos determinantes para o meu amadurecimento profissional.

PSICOLOGIA AFROCENTRADA

As obras da psicologia crítica demonstraram, de forma contundente, que a psicologia eurocêntrica precisava ser criticada. Na psicologia decolonial, os estudos reivindicaram que a psicologia tradicional fosse criticada, decolonizada e se colocasse verdadeiramente à disposição dos povos oprimidos. Por sua vez, a psicologia afrocentrada pode ser compreendida como:

> Área de conhecimento interdisciplinar preocupada com o desenvolvimento de uma descrição precisa das condições de vida dos povos africanos no continente e na diáspora, ao mesmo tempo em que busca soluções prescritivas para a transformação da realidade africana (Nogueira; Guzzo, 2016, p. 207).

De acordo com Nogueira e Guzzo (2016) e Frederico (2021), essa perspectiva foi estabelecida formalmente nos Estados Unidos em 1968 com a fundação da Associação de Psicólogos Negros (ABPsi, do inglês The Association of Black Psychology). Originalmente, o campo de estudos é conhecido como *Black Psychology* e no Brasil utilizamos os seguintes termos para mencioná-lo: psicologia preta, africana, negra ou afrocentrada. Existem discussões que diferenciam o significado de cada termo, mas nesta obra considerarei todos similares e adotarei o termo psicologia afrocentrada.

Nogueira e Guzzo (2016) citam nomes importantes do movimento, como Wade Nobles, Na'im Akbar, Asa Hilliard e Joyce E. King, e ressaltam que a psicologia afrocentrada está fundamentada em lutas e ideias de pessoas de todo o mundo que fizeram grandes contribuições ao pensamento afrocentrado ao longo da história, inspirando a comunidade preta na atualidade. Como exemplo, cito o disruptivo trabalho do físico, historiador e antropólogo senegalês Cheikh Anta Diop (1991) que, em seu livro *Civilization or barbarism: an authentic anthropology,* recontou a história da África e da humanidade considerando o ponto de vista africano.

A obra de Diop destituiu a Grécia do posto de berço da civilização humana e reconheceu Kemet – território onde hoje se localiza o Egito – como lugar em que o povo preto fundou a primeira civilização da humanidade. O impacto definitivo do trabalho do autor foi oferecer evidências linguísticas, arqueológicas, históricas, matemáticas e filosóficas de que não somente as bases da psicologia foram desenvolvidas a partir do ponto de vista eurocêntrico, mas que toda a história oficial da humanidade foi contada com viés do povo europeu. Com isso, ele reforçou que a visão europeia de mundo não é única nem universal, e que outras versões podem coexistir nos espaços de saber e no imaginário social, além de exercer concomitante influência na continuidade da história.

Na cena brasileira da psicologia afrocentrada, existem publicações recentes de altíssima relevância. Lucas Veiga (2019), em seu artigo "Descolonizando a psicologia: notas para uma psicologia preta", fez duras críticas à formação em psicologia no Brasil e apontou maneiras como a clínica pode atuar para que as pessoas pretas sejam acolhidas em suas especificidades. Simone Gibran Nogueira (2020), na obra *Libertação, descolonização e africanização da psicologia: breve introdução à psicologia africana*, apresentou com maestria as bases filosóficas e epistemológicas da psicologia afrocentrada.

A autora Roberta Maria Frederico (2021), em seu livro *Psicologia, raça e racismo: uma reflexão sobre a produção intelectual brasileira*, descreveu em detalhes o cenário atual de estudos nacionais voltados a temas que atendam às demandas da população preta. Maria Célia Malaquias (2020) apresentou valiosas contribuições do psicodrama para o paradigma afrocentrado na organização do livro *Psicodrama e relações étnico-raciais: diálogos e reflexões*. Na obra, é possível conhecer a história do teatro experimental negro e de figuras importantes como Alberto Guerreiro Ramos, Abdias do Nascimento e Jacob Levy Moreno. O vasto trabalho da autora demonstra como o psicodrama pode reproduzir as relações raciais no palco e elaborá-las, tratá-las e encaminhá-las para um desfecho mais benéfico para todas as partes. Malaquias e colegas também contribuíram apontando o pioneirismo do teatro negro experimental no fortalecimento da perspectiva afrocentrada no Brasil.

Ao redor do mundo, os estudos e práticas em psicologia afrocentrada são embasados no conceito de afrocentricidade que, segundo Molefi Kete Asante (2009, p. 93), "é um tipo de pensamento, prática e perspectiva que percebe os africanos como sujeitos e agentes de fenômenos atuando sobre sua própria imagem cultural e de acordo com seus próprios interesses humanos". Essa perspectiva contribui para que pessoas afrodescendentes reflitam que, para além de não serem brancas, é possível serem pretas, incita o orgulho da negritude e reaviva a pulsão palmariana.

Nesse sentido, a descoberta da psicologia afrocentrada significou para mim uma profunda reconexão com a ancestralidade e valorização da minha história de vida, pois, sendo uma criança preta em uma família com costumes afro-brasileiros, aprendi a beleza da negritude antes mesmo do contato doloroso com o racismo. Afrocentrar é "conhecer a utilidade e a realização da fé, da alegria e da beleza em ser, pertencer e torna-se africano" (Nobles, 2009, p. 278). Meu encontro com a psicologia afrocentrada se deu a partir dos estudos orientados por Simone Gibran Nogueira, que culminaram em uma pesquisa realizada com meu irmão, babalorixá Leandro de Oxóssi, que apresentei em "A chegança: os primeiros passos no universo da psicologia afrocentrada", publicado como capítulo do livro *Psicologia afrocentrada no Brasil: psicologia da educação em diálogo com saberes tradicionais*, obra organizada pela própria Simone.

O afrocentramento da psicologia pode contribuir para que terapeuta e paciente acessem um conhecimento filosófico muito profundo e cultivado há milhares de anos na África-mãe. Para Nobles (2006), isso é possível por conta de um trabalho de pesquisa minucioso feito por estudiosos afrocentrados que conseguiram identificar premissas culturais e filosóficas comuns entre alguns povos africanos, sobretudo os grupos que habitaram o oeste do continente. Não cabe, aqui, explorar com profundidade essa sabedoria ancestral, mas vou apresentar um exemplo desses saberes denominados por Nobles (2006) como as duas ordens operacionais: a sobrevivência da tribo e a unicidade com a natureza.

A respeito da sobrevivência da tribo, o autor explica que populações africanas davam muita importância à coletividade, pois acreditavam que as pessoas poderiam nascer e sobreviver apenas se fizessem parte de uma comunidade. Sendo assim, fundamentalmente, todas deveriam cooperar para a sobrevivência do grupo. Já a segunda ordem operacional apresenta a noção de que uma comunidade pode existir apenas se fizer parte da natureza e do universo.

Esse segundo ponto está relacionado ao conceito de noção de unidade. A pesquisadora Simone Gibran Nogueira (2020, p. 87) utiliza a metáfora da teia de aranha para descrevê-lo: "os fios da teia são de tal forma interconectados que em qualquer ponto que alguém toque faz com que toda ela vibre". A autora conta que essa teia conecta indivíduo, comunidade, natureza e universo. Dessa forma, o indivíduo faz parte da comunidade, a comunidade faz parte da natureza e a natureza faz parte do universo. E, para que a teia permaneça em harmonia, é preciso respeitar as duas ordens operacionais.

As experiências comuns vividas pelos africanos e africanas da época pré-colonial originaram o que descrevo como crença primordial, que consiste em prezar pelas duas ordens operacionais citadas. Essa crença é seminal, fundante e base para valores, princípios e comportamentos do grupo de africanos e afrodescendentes de todos os tempos, e deve orientar estudos de qualquer área do saber que se apresente como afrorreferenciados.

O estudo da psicologia afrocentrada me possibilitou releituras da realidade à minha volta. Trago como exemplo a presença da crença primordial em muitas obras com referências afrocentradas, como os filmes *Avatar*, *Rei Leão* e *Pantera Negra*. Notei que a trama central das três produções respeita em absoluto as ordens fundamentais citadas anteriormente. Algumas religiões com matrizes africanas, como o candomblé e a umbanda, também destinam notável importância ao coletivo e à natureza. Muitas práticas afrocentradas acontecem no formato de roda, como o samba, a capoeira, as danças e as cerimônias religiosas, o que representa uma teia de pessoas conectadas. Ao frequentar uma roda de samba, por exemplo, me sinto parte de algo maior. Nas palavras do sambista e escritor Nei Lopes:

> Somos centelhas breves que alumiam à sua medida, a seu tempo, nessa grande luz que é a história.

> Fazemos parte do Todo, sem conhecê-Lo. É preciso ter humildade. Não o saberemos, resta-nos compor, alumiar e se deixar alumiar (Lopes, 2021, p. 10).

Considero que uma das principais contribuições da perspectiva afrocentrada para a clínica sensível às questões étnico-raciais seja a compreensão de que, para além de não ser branco, é possível ser preto. Ou seja, para além de combater o racismo, é possível afrocentrar. O combate ao racismo é um meio para que a pessoa preta se liberte das opressões sociais e exerça plenamente sua negritude e, mais do que isso, seja quem ela quiser ser. Nesse sentido, Elisa Nascimento apresenta o teatro negro experimental totalmente alinhado com a psicologia afrocentrada quando descreve que o movimento

> agregou à luta contra a discriminação uma nova dimensão: a recuperação e a defesa dos valores de origem africana como base de uma identidade própria do negro como protagonista no palco da sociedade brasileira (Nascimento, 2020, p. 18).

Seguindo as reflexões sobre a afrocentricidade, é importante ressaltar que não se trata de mera oposição ao pensamento eurocêntrico, ou seja: o objetivo não é destituir a Europa de uma posição central para que a África ocupe essa mesma posição.

> A afrocentricidade não propõe que seus fundamentos e atributos sejam universais e aplicáveis a outras experiências humanas. Trata-se de uma concepção pluralista que valoriza o centro e a visão de mundo de cada povo (Nascimento, 2008, p. 52).

Sendo assim, os estudos afrocentrados beneficiam o povo preto, mas pretendem abrir caminhos para outros povos oprimidos. A premissa é que a psicologia, assim como os espaços de saber, precisam ser plurais.

Apresento a seguir algumas contribuições da psicologia afrocentrada para a prática clínica sensível às questões étnico-raciais com base nas obras de Nogueira e Guzzo (2016), Frederico (2021), Nogueira (2020), Nobles (2006, 2009), Nascimento (2008, 2020), Reis (2023) e Malaquias (2020).

a. **Estudar o povo preto a partir da visão de mundo do povo preto:** a psicologia afrocentrada estuda arte, cultura, pensamentos, comportamentos, sentimentos, crenças, atitudes, relações interpessoais e caminhos para o bem-viver de afrodescendentes a partir da visão de mundo do próprio grupo.

b. **Focar problemas específicos do povo preto:** a psicologia afrocentrada objetiva dar visibilidade a problemas vividos especificamente por pessoas pretas para possibilitar a elaboração e adaptação de teorias e práticas psicoterápicas para solucioná-los.

c. **Ser solidária com todos os povos oprimidos:** a psicologia afrocentrada se esforça para contribuir com a decolonização da psicologia ao firmar-se como um paradigma epistemológico alternativo ao eurocêntrico. Isso inclui preparar terapeutas afrocentrados para que sejam capazes de complementar, criticar e transformar as práticas tradicionais em psicologia que até o momento são majoritariamente elaboradas e praticadas por e para pessoas brancas. Por fim, nesse sentido cabe também abrir caminhos para que outros povos oprimidos e minorizados, como os indígenas, também possam debater com a psicologia ocidental em pé de igualdade e fazer valer suas contribuições para novas teorias e práticas.

d. **Favorecer a pluralidade de saberes:** a psicologia afrocentrada não pretende ser universal, pois acredita que todos os povos precisam ter liberdade para poder olhar para si a partir de suas próprias cosmovisões. Acredita também que os espaços de saber devem ser plurais.

e. **Buscar no conhecimento afrocentrado as bases para suas teorias e práticas:** é fundamental que pesquisadores e pesquisadoras se dediquem a retomar saberes do povo africano para embasar suas pesquisas e práticas.

f. **Reconhecer detentores de saberes tradicionais como valiosas fontes de conhecimento**: sambistas, capoeiristas, lideranças de religiões de matrizes africanas e pessoas pretas que buscam os serviços terapêuticos são valiosas e respeitáveis fontes de conhecimento.

g. **Lutar para viver e não viver para lutar:** o combate ao racismo é um meio para que a pessoa preta se liberte das opressões sociais e exerça plenamente sua negritude e, mais que isso, seja quem ela quiser ser.

O MOVIMENTO ANTIRRACISTA

O movimento antirracista na psicologia reivindica que o campo de estudos se posicione na luta e contribua para reduzir ou eliminar os impactos do racismo na saúde mental dos grupos oprimidos, bem como se comprometa em não servir como agência perpetuadora e perpetradora das desigualdades e opressões raciais. É sempre importante lembrar que diferentes povos sofrem as consequências do racismo, por exemplo, indígenas e judeus. Ainda que nesse trabalho o foco seja a população preta, espero que contribua de alguma forma com ideias que beneficiem outros grupos.

O termo "antirracismo" ganhou grande destaque no Brasil a partir do livro *Pequeno manual antirracista*, da filósofa Djamila Ribeiro (2019b). A autora é uma das vozes mais influentes da luta antirracista brasileira na contemporaneidade. Com obras de grande destaque no cenário nacional e internacional, coordenou a coleção *Feminismos plurais*, que lançou livros muito esclarecedores sobre diversos temas relacionados à temática racial, como racismo recreativo, intolerância religiosa e encarceramento em massa. Sobre o assunto, Djamila destaca:

> Nunca entre numa discussão sobre racismo dizendo "mas eu não sou racista". O que está em questão não é um posicionamento moral, individual, mas um problema estrutural. A questão é: o que você está fazendo ativamente para combater o racismo? (Ribeiro, 2019b, p. 13).

A citação cabe como uma provocação a todas as pessoas que atuam ou pretendem atuar no campo da psicologia. A questão levantada é: considerando o fato de que esse campo de estudos tem mãos e mentes majoritariamente brancas em sua fundação e manutenção, como ele pode ser neutro, objetivo e habilitado para lutar contra o racismo? Como garantir que as intervenções clínicas não estejam a serviço do monitoramento e manutenção do racismo na sociedade?

Na primeira parte da presente obra, expus a reflexão de que, em uma sociedade estruturalmente racista, toda instituição nasce racista e seguirá dessa forma – a não ser que haja muitos esforços para mudar o rumo da organização. Basta o silenciamento e a inação para que as universidades sigam com viés racista, sem que pessoas pretas tenham acesso às posições de docentes e discentes, sem que pacientes afrodescendentes tenham suas demandas estudadas e tratadas adequadamente. Dessa maneira, não basta dizer "mas eu não sou racista", é preciso se comprometer com ações que interfiram estruturalmente no cenário da psicologia.

Imagine que um estudante autodeclarado branco frequente durante cinco anos alguma instituição de ensino de psicologia situada no Brasil sem ter contato com professores, colegas e autores pretos e pretas, e sem estudar demandas específicas de afrodescendentes. Se esse estudante tiver comprometido com uma postura antirracista, ele poderá levar para docentes e colegas indagações como: se estamos em um país com numerosa população preta, por qual motivo não há representantes discentes e docentes desse grupo étnico nessa instituição? Existem (ou existirão) autores e autoras afrodescendentes no referencial teórico do curso?

A psicóloga e pesquisadora Lia Vainer Schucman (2010, p. 44), no artigo "Racismo e antirracismo: a categoria raça em questão", define racismo como "qualquer fenômeno que justifique as diferenças, preferências, privilégios, dominação, hierarquias e desigualdades materiais e simbólicas entre seres humanos, baseado na ideia de raça". Em seu trabalho, a autora contribui para entendermos os motivos pelos quais os terapeutas precisam assumir uma postura antirracista, o que significa ter atenção para que o racismo no campo da psicologia não seja perpetuado.

O primeiro motivo apontado por Schucman está relacionado com o já citado mito da democracia racial, que reforça o discurso oficial de que no Brasil não existe racismo. Se as instituições de psicologia se apoiarem nessa falácia, poderão facilmente descartar a necessidade de abordar a temática. Como exposto no trabalho de Tatiana Espinha (2017), abordado na primeira parte desta obra, sem discussão racial a manutenção do *status quo* ocorre facilmente. O segundo é que o racismo pode ser praticado de formas difíceis de serem identificadas devido à "não menção de situações de desigualdades geradas por raça" (Schucman, 2010, p. 45).

Em relação ao segundo motivo, existem muitas formas de mascarar uma atitude racista: acreditar que o povo preto não tem capacidade intelectual para elaborar teorias e usar isso como justificativa para a ausência de autores e autoras afrodescendentes na grade curricular da psicologia; avaliar que uma pessoa é competente para um cargo de professor ou terapeuta, mas não a contratar por crer que exista algo de errado com sua aparência ou postura, tendo como base o julgamento racial; solicitar mais comprovações de conhecimento para pessoas pretas do que para brancas quando as duas ocupam as mesmas posições; ser mais rápido, resolutivo e disponível com pessoas brancas em detrimento das pretas; elaborar critérios de seleção para vagas que beneficiem brancos e, depois, justificar que os escolhidos preenchiam melhor os pré-requisitos.

Nesse sentido, as influências do movimento antirracista na psicologia ajudam terapeutas a entender a necessidade de posicionamentos estruturados, adotados por toda a classe. Algumas das contribuições para a área das psicologias crítica, decolonial e afrocentrada, bem como do movimento antirracista, estão relacionadas no quadro 6.1 a seguir.

Quadro 6.1 – Contribuições para a clínica sensível às questões étnico-raciais

Psicologia crítica	Não reproduzir o etnocentrismo
	Não colaborar com a manutenção do *status quo*
	Realizar análises críticas em todas as teorias psicológicas
	Reivindicar que a psicologia tradicional assuma seus vieses ideológicos (eurocêntricos)
	Considerar que a psicologia eurocêntrica, se adaptada, pode ser eficaz quando aplicada ao povo preto
	Identificar padrões ideológicos e elaborar estratégias para lidar com eles

(cont.)

Quadro 6.1 – Contribuições para a clínica sensível às questões étnico-raciais	
Psicologia decolonial	Ter conhecimento aprofundado dos efeitos do colonialismo na colonialidade
	Trabalhar para a desideologização
	Não basta ser científico, precisa ser útil
	Considerar que a psicologia com viés eurocêntrico não precisa ser descartada
	Considerar que o amadurecimento das pessoas passa por consciência da sua localização social e memória histórica
Psicologia afrocentrada	Estudar o povo preto a partir da visão de mundo do povo preto
	Focar problemas específicos do povo preto
	Ser solidária com todos os povos oprimidos
	Favorecer a pluralidade de saberes
	Buscar no conhecimento afrocentrado as bases para suas teorias e práticas
	Reconhecer detentores de saberes tradicionais como valiosas e respeitáveis fontes de conhecimento Lutar para viver, e não viver para lutar
Movimento antirracista	Não basta não ser racista, é preciso ser antirracista
	Trabalhar para superar o mito da democracia racial
	Garantir que a psicologia não seja utilizada como agência perpetuadora do racismo
	Garantir que a psicologia seja sensível às questões étnico-raciais

Neste livro, a prática psicoterápica sensível às questões étnico-raciais tem como base teórica estudos sobre o contexto histórico da população preta no Brasil e as contribuições apresentadas no quadro 6.1, a partir dos quais detalho os conceitos-chave a seguir.

CONCEITOS IMPORTANTES PARA ESTUDOS CLÍNICOS SENSÍVEIS ÀS QUESTÕES ÉTNICO-RACIAIS

Clínica sensível às questões étnico-raciais

Trata-se de um campo teórico e prático da psicologia clínica com foco na saúde mental da população negra. Suas pesquisas e práticas objetivam a compreensão do modo de vida do povo preto e a identificação das repercussões do racismo nas pessoas afro-brasileiras. Seus processos ocorrem por meio da elaboração e da reformulação crítica de teorias e técnicas com a finalidade de garantir que proporcionem autoconhecimento, desenvolvimento, empoderamento e libertação para pessoas afrodescendentes. Tem como referencial teórico a psicologia crítica, decolonial, afrocentrada, o movimento antirracista, estudos sobre contextos históricos e sociais brasileiros, e os ensinamentos de detentores de saberes tradicionais afro-brasileiros, como sambistas, capoeiristas e babalorixás.

Racismo e antirracismo

Schucman (2017) descreve que as práticas racistas consideram a raça como critério de eleição para indivíduos, os quais, em razão disso, terão mais ou menos poder e privilégio na sociedade. Já Ribeiro (2019b) cita Ângela Davis ao reiterar que não basta não ser racista, é preciso ser antirracista. A autora apresenta o antirracismo com uma postura crítica e contínua que investe esforços para combater o racismo, considerando suas três concepções e todos os seus possíveis disfarces e mutações que o fizeram prevalente por séculos na sociedade brasileira.

Preconceito racial

Heller (2004) descreve que o preconceito, de modo geral, é como um juízo que não passa pelo crivo da razão. O problema é que, quando esse juízo entra em contato com a realidade, mesmo que seja exposto a informações que o refutem, segue inalterado. Assim, o preconceito está na ordem do pensar e pode ser compreendido como um fenômeno mental e cognitivo. O preconceito racial utiliza juízos racistas, por exemplo, avistar um homem preto na porta de uma agência bancária e julgar que é um assaltante. O problema em lidar com o preconceito é que, muitas vezes, não é possível identificá-lo ou denunciá-lo, e ele se torna perceptível somente quando se materializa em um ato de discriminação.

Discriminação racial

Machado (2023) explica que a discriminação racial é o ato de excluir, restringir e anular determinado grupo ou pessoa utilizando o critério da raça para colocá-la em condição de desvantagem, desprivilégio, submissão, inferiorização ou escravidão. Diferentemente do preconceito, que está na ordem do pensamento (cognição), a discriminação é uma ação, um comportamento possível de ser identificado e nomeado. A clínica sensível às questões étnico-raciais precisa ser hábil para identificar a discriminação e contribuir para que o paciente possa enfrentá-la do modo que lhe for mais conveniente.

Afrocentramento

A clínica sensível às questões étnico-raciais é atenta às questões raciais, mas não só isso. Ela considera questões étnicas como linguagens, tradições e ancestralidade. Por isso, é necessário reforçar a importância do afrocentramento, "um tipo de pensamento, prática e perspectiva que percebe os africanos como sujeitos e agentes de fenômenos atuando sobre sua própria imagem cultural e de acordo com seus próprios interesses humanos" (Asante, 2009, p. 93). Ao adotar o paradigma da afrocentricidade, a clínica sensível às questões étnico-raciais compreende que, para além de lutar contra o racismo, é possível afrocentrar. Ou seja, seus processos não se resumem a uma constante luta contra o racismo: a luta é o caminho para que afrodescendentes se libertem das amarras sociais e sejam quem quiserem ser.

Lugar de fala e raciocínio dialético

Para Ribeiro (2019a), todas as pessoas têm um lugar de fala. Essa localização social é determinada e influenciada por fatores como classe, gênero e raça. Tomemos como exemplo um homem branco, proveniente de classe alta e com muitos recursos financeiros; sua localização social é diferente da de uma mulher preta, de classe baixa e com pouco dinheiro. Por estar nesse lugar, é provável que ele tenha acesso a educação, restaurantes, viagens e empregos que a mulher não tem. E, por sua posição, ela certamente terá mais dificuldade em garantir uma boa alimentação e cuidados de saúde.

As localizações sociais proporcionam vivências diferentes para cada pessoa. A partir de experiências como estudar em escola particular ou pública, fazer viagens internacionais ou não poder viajar é que cada indivíduo elabora suas percepções sobre a realidade, o que acaba por influenciar pensamentos, emoções e comportamentos. Agora imagine se esse homem usado como exemplo fosse o terapeuta dessa mulher. Aponto ao menos dois desafios que ele terá pela frente:

    a. **Respeitar o lugar de fala da paciente**. Para isso, ele precisa ter consciência de que suas percepções sobre a realidade são limitadas, pois são enviesadas por seu lugar de fala. Desse modo, seus métodos, teorias e crenças podem não ser congruentes com as percepções da paciente e, nesse caso, é preciso que ele respeite o lugar de fala dela para se tornar capaz de disponibilizar escuta, recursos teóricos e ferramentais de modo que tudo isso faça sentido e, de fato, colabore respeitosamente com o processo terapêutico desta mulher.

b. **Exercitar o raciocínio dialético**, que pode ser compreendido como "a capacidade de reconhecer duas visões de mundo concorrentes, por vezes excludentes, e reconhecer como confiável e válida a visão de mundo do cliente, mesmo quando diferente da visão do psicoterapeuta" (Ferreira *et al.*, 2022, p. 629). Um exemplo seria a paciente afirmar que viu espíritos e o terapeuta compreender que aquilo que ele poderia classificar como alucinação, para ela, seria uma vivência relacionada à sua religiosidade, cabendo a ele respeitar e contextualizar a fala da paciente.

RECOMENDAÇÕES GERAIS PARA TERAPEUTAS ANTIRRACISTAS

Formação do terapeuta

Terapeutas precisam destinar bastante atenção aos estudos antirracistas. Primeiro porque, no contexto social e histórico brasileiro, o racismo interferiu e ainda interfere significativamente na saúde mental da população negra. O segundo motivo é que a formação em psicologia oferecida no Brasil, no geral, negligencia as questões sociais e históricas de altíssima relevância para a prática clínica ofertada a afrodescendentes. Considerando esses dois pontos, é de extrema importância que os profissionais de psicologia passem por um processo de letramento racial para terem capacidade e sensibilidade para fazer leituras críticas e desvendar informações clinicamente relevantes e não óbvias sobre questões étnico-raciais.

Autoconhecimento

Caso o terapeuta seja uma pessoa negra, é importante que tenha passado por letramento racial e, de preferência, tratado o tema da negritude em sua própria psicoterapia. Munanga (2020), por exemplo, descreve diferentes estágios da negritude: dolorosa, agressiva, serena e vitoriosa. Vale a pena estudar essa obra e outros trabalhos sobre o tema, pois terapeutas que tenham consciência dos próprios processos de se tornarem pretos ou pretas podem contribuir mais para que seus pacientes experienciem esse processo de forma produtiva, mesmo que dolorosa. Pessoas não pretas precisam buscar conhecimento sobre suas origens, sua raça e história. Especificamente pessoas autodeclaradas brancas, por mais que pertençam a um grupo bastante heterogêneo e diverso, necessitam trabalhar questões relacionadas à branquitude, que é "um lugar de privilégios simbólicos, subjetivos, objetivos, isto é, materiais palpáveis que colaboram para construção social e reprodução do preconceito racial, discriminação racial 'injusta' e racismo" (Cardoso, 2010, p. 611). A psicóloga e ativista brasileira Cida Bento tem valiosas contribuições sobre a temática, com destaque para a sua tese de doutorado *Pactos narcísicos no racismo: branquitude e poder nas organizações empresariais e no poder público* (2002). Seu estudo pode auxiliar a compreender como a branquitude interfere na vida de um profissional de psicologia e de seus pacientes, e quais são as formas de melhorar a capacidade de condução de processos terapêuticos ofertados a afrodescendentes.

Supervisão

É importante que terapeutas realizem supervisões para que possam conduzir casos com temas étnico-raciais da melhor forma possível, com reavaliação contínua de como teorias, práticas e técnicas com vieses eurocêntricos estão sendo aplicadas. Também serve para que pessoas brancas avaliem constantemente aspectos da branquitude que possam interferir no processo e para que todo terapeuta, afrodescendente ou não, tenha os cuidados necessários para trabalhar com seus pacientes os temas mais sensíveis.

SER PARA SEMPRE UM TERAPEUTA APRENDIZ

Tudo que escrevo não é para desencorajar profissionais a atenderem pessoas diferentes deles mesmos. Pelo contrário, acredito que todo mundo que atua na área de psicologia precisa ter sensibilidade para lidar com questões culturais, étnicas, raciais e religiosas diferentes das que compõem sua própria visão de mundo. Estudos, autoconhecimento, supervisão, consciência do lugar de fala e postura crítica certamente vão auxiliar nesses encontros interraciais, porém jamais pode ser descartada a complexidade dos seres humanos. Por isso creio que terapeutas sensíveis serão para sempre aprendizes de seus pacientes, pois sempre haverá informações diferentes e novas para descobrir. E talvez isso seja um dos fatores mais motivadores do trabalho com psicologia.

PANORAMA DA CLÍNICA SENSÍVEL ÀS QUESTÕES ÉTNICO-RACIAIS PRATICADA NO BRASIL

Acho importante destacar que compreendo essa clínica sensível como um campo de estudos e concordo com a psicóloga Maria Conceição da Costa (2022), que a descreve como um posicionamento ético-estético-político. De forma simples, traduzo essa expressão como uma maneira de estudar e praticar uma clínica que leva em conta questões referentes à ética, arte, política, história e sociedade. Sendo assim, essa proposta clínica não é em si uma abordagem psicoterápica. Por esse motivo, julgo completamente viável articular suas pesquisas com estudos de psicanálise, análise do comportamento, Gestalt-terapia e psicoterapia analítica. Mais do que viável, considero essas articulações necessárias e urgentes: quanto mais terapeutas e grupos de pesquisas adotarem uma postura verdadeiramente antirracista, decolonial e crítica, mais chances teremos de avançar nas discussões sobre o tema.

Apresento a TCC por ter me debruçado nos estudos étnico-raciais a partir dela, mas percebo – e sonho – que outras contribuições nessa direção devem ser apresentadas, com base em variadas abordagens teóricas, adotadas por diferentes profissionais da área capazes de atender com qualidade a diferentes grupos étnicos. Afinal, ainda que este livro enfoque demandas de afrodescendentes, reconheço que o racismo pode ocorrer em diferentes vertentes, e carrego sempre a intenção de contribuir de alguma forma com todos os grupos minorizados.

Minhas pesquisas sobre a clínica sensível têm como foco o cenário brasileiro, que, embora ainda esteja distante do ideal, já colhe os frutos semeados por profissionais de psicologia e psiquiatria que se dedicaram de forma árdua e deram passos importantíssimos nas questões étnico-raciais nacionais. A Resolução nº 18/2002 do Conselho Federal de Psicologia (CFP) estabeleceu normas de atuação para seus profissionais acerca de preconceito e discriminação racial. Grandes avanços vieram também da luta de organizações como a Associação Brasileira de Psicologia Social (Abrapso), o Instituto AMMA Psique e Negritude, a Articulação Nacional de Psicólogos e Psicólogas Negras e Pesquisadores (Anpsinep), o Centro de Estudos das Relações de Trabalho e Desigualdade (Ceert) e os conselhos e sindicatos de psicologia, entre outras valorosas articulações de grandioso impacto social.

Em relação a referências teóricas para os estudos clínicos antirracistas no Brasil, Costa (2022) aponta que autores e autoras do campo psicanalítico trouxeram profundas e valiosas contribuições para que pudéssemos compreender os efeitos do racismo nas pessoas pretas. Essas referências são utilizadas em trabalhos de diferentes abordagens psicoterápicas e da psicologia social, e ela traz nomes como Neusa Santos Souza, Virgínia Bicudo, Lélia Gonzalez e Isildinha Baptista Nogueira. Outra personalidade mencionada em sua tese é o já citado Frantz Fanon, homem negro martinicano que, em 1952, aos 26 anos de idade, escreveu o livro *Pele negra, máscaras brancas* (2020), que segue como obra de influência, inclusive para a maioria das pesquisas citadas anteriormente.

Algumas contribuições nacionais para a clínica sensível às questões étnico-raciais provêm de trabalhos de pesquisadores e pesquisadoras que dialogam com abordagens cognitivas e comportamentais. Começo pelo livro *Terapia racial: diálogos sobre psicoterapia para população negra* (2023), organizado por quatro mulheres negras, Ananda Pantet, Cíntia Milanese, Mariana de Paula e Táhcita Mizael. A publicação, para a qual tive a honra de escrever um capítulo sobre a descolonização da psicologia, apresenta valiosas informações sobre contexto e prática clínica com base na abordagem da análise do comportamento.

Jeane Tavares é uma das principais referências nos estudos étnico-raciais no Brasil. A autora, cuja obra é volumosa, profunda e rica, publicou artigos, livros e outros trabalhos que são referência nos estudos antirracistas. Ela também é pioneira em publicações sobre a clínica sensível às questões étnico-raciais com base nas terapias cognitivas e comportamentais (TCCs), e seus artigos são leituras indispensáveis para quem tem interesse nessa vertente da TC.[1] O primeiro deles é "Manejo clínico das repercussões do racismo entre mulheres que se 'tornaram negras'" (Tavares; Kuratani, 2019), e o segundo, "Não sou eu, é a sociedade: terapia do esquema em um caso clínico de múltiplas opressões internalizadas" (Juvenil; Tavares; Ventura, 2023). Neste último artigo, destaco o trabalho da autora Carolyne Juvenil, pesquisadora e articuladora com importantes contribuições da TCC para grupos minorizados.

Não é possível apresentar todas as pesquisas com notórias contribuições para a clínica sensível às questões étnico-raciais no atual cenário brasileiro. Certamente, muitas pessoas que respeito e admiro ficaram fora dessa lista. No entanto, o objetivo foi expor a leitores e leitoras que existe um movimento muito rico que me cerca enquanto escrevo este livro. É uma grande roda de conhecimento e sou feliz por fazer parte dela.

---

[1] A diferença entre os termos terapias cognitivas e comportamentais (TCCs) e terapia cognitivo-comportamental (TCC) é explicada adiante, em "O universo das TCCs".

CAPÍTULO 7

A TERAPIA COGNITIVO-
-COMPORTAMENTAL (TCC)

O UNIVERSO DAS TCCs

Segundo Judith Beck (2022), seu pai Aaron Beck, psiquiatra norte-americano e professor emérito do departamento de psiquiatria na Universidade da Pensilvânia, desenvolveu entre as décadas de 1960 e 1970 uma abordagem da psicologia que denominou terapia cognitiva (TC) e que, ao longo dos anos, ficou conhecida mundialmente pelo termo genérico terapia cognitivo-comportamental (TCC). Meu cuidado com a denominação é esclarecer que em pesquisas da área "o termo TCC também é utilizado para um grupo de técnicas nas quais há uma combinação de uma abordagem cognitiva e de um conjunto de procedimentos comportamentais" (Knapp; Beck, 2008, p. 55). Devido aos diferentes usos da sigla, esclareço que, neste livro, utilizo o termo terapias cognitivas e comportamentais (TCCs) quando me refiro às intervenções psicoterápicas que utilizam combinações de técnicas cognitivas e comportamentais e TCC para citar a terapia cognitivo-comportamental de Aaron Beck.

Mas, se esta obra tem como referência a TCC, por qual motivo é importante abordar o universo das TCCs? Lucena-Santos, Pinto-Gouveia e Oliveira (2015) explicam que, a partir das contribuições de Steven Hayes, o universo das TCCs pode ser divido em três gerações ou ondas que se desenvolveram ao longo dos anos, compartilhando princípios e aprimorando pesquisas e intervenções umas das outras. E, como detalha a psicóloga Judith Beck (2022, p. 3), muitas dessas terapias "compartilham características da terapia de Aaron Beck, mas suas formulações e ênfases no tratamento variam um tanto". De maneira bastante sucinta, descrevo a seguir cada uma das gerações.

PRIMEIRA GERAÇÃO

Barbosa, Terroso e Argimon (2014) apontam a terapia comportamental, também denominada análise do comportamento, como a primeira onda, que se fortaleceu nos Estados Unidos na década de 1950. Foi estruturada a partir do trabalho de pesquisadores como Ivan Pavlov, John B. Watson e Burrhus Frederic Skinner. Para Todorov e Hanna (2010), o pesquisador Skinner a desenvolveu com base no behaviorismo radical, que é uma filosofia da ciência. Um diferencial dessa primeira geração das TCCs é a compreensão de que o comportamento é a relação entre o organismo e o ambiente. Assim, as pesquisas investigam os estímulos ambientais e as respostas dos organismos a eles. Esse campo de estudos é conhecido por seu rigor científico e pela profundidade de seus trabalhos. No que diz respeito às análises do ambiente, por exemplo, elas consideram fatores históricos, biológicos, sociais, culturais e individuais.

Em relação aos comportamentos, todas as contingências são analisadas, ou seja, as circunstâncias em que o comportamento ocorre e as consequências que ele produz são cuidadosamente registradas e avaliadas. O direcionamento do tratamento parte da concepção de que, "através do operacionalismo (relatar e registrar as observações do comportamento), pode-se estabelecer uma relação funcional satisfatória entre o comportamento e as contingências que o controlam" (Barbosa; Terroso; Argimon, 2014, p. 67).

SEGUNDA GERAÇÃO

Conforme Lucena-Santos, Pinto-Gouveia e Oliveira (2015), a segunda onda, denominada terapia cognitiva ou TCC, se fortaleceu na década de 1960 nos Estados Unidos a partir dos estudos de Aaron Beck, Albert Bandura e Albert Ellis. Beck (2022) explica que, para a TCC, as cognições mal adaptativas, como crenças nucleares e intermediárias e pensamentos automáticos, podem influenciar no humor e no comportamento e torná-los disfuncionais.

As intervenções da TCC tendem a focar a modificação das cognições como forma de regular as emoções e favorecer comportamentos adaptativos e funcionais. Mais adiante, apresentarei detalhes das teorias e práticas dessa segunda geração. Por ora, importa ressaltar que, enquanto a primeira geração destinava bastante atenção ao comportamento, a segunda tem como enfoque a cognição.

TERCEIRA GERAÇÃO

No livro *Terapias comportamentais de terceira geração: guia para profissionais,* Lucena-Santos, Pinto-Gouveia e Oliveira (2015) apontam como terceira geração as terapias contextuais, citando como exemplos dessa onda as terapias da aceitação e compromisso, cognitiva baseada em *mindfulness*, com foco na compaixão e a comportamental dialética. Os autores explicam que pesquisas iniciadas na década de 1990 aprimoraram as TCCs, preservando recursos para lidar com questões comportamentais e cognitivas e acrescentando contribuições valiosas sobre a importância do contexto nas funções psicológicas. Isso significa aos terapeutas poder investir esforços para compreender como história, cultura, religião, etnia e raça se relacionam com valores, propósitos, sonhos, sentido da vida e visão de mundo de pacientes.

Mais do que buscar resolver problemas e remitir sintomas, a terceira geração busca ampliar repertório, gerar novas habilidades e conexão com valores. Essa visão ampliada de psicologia possibilita diálogo com problemas e modelos de soluções provenientes de diferentes povos. Um exemplo de recurso originalmente utilizado por um grupo específico que se tornou prática considerada uma das mais importantes da terceira onda é o *mindfulness*, que tem como referência as práticas meditativas do budismo. A prática pode ser utilizada como ferramenta quando não é possível alterar o contexto de um paciente, então os esforços são endereçados para que a pessoa modifique o que sente por aquilo que não pode ser modificado, como guerras, desastres naturais e racismo estrutural.

> Assim, os tratamentos de terceira onda estão fazendo cair por terra a distinção entre terapia comportamental e tradições antigas ou "menos empíricas", uma vez que estão lidando com esses tópicos utilizando uma teoria coerente, com processos de mudança cuidadosamente avaliados e resultados empíricos (Lucena-Santos; Pinto-Gouveia; Oliveira, 2015, p. 54).

Retomo aqui a pergunta: por qual motivo é importante abordar o universo das TCCs, sendo que a abordagem que escolhi para embasar este livro é a TCC? Ocorre que, como já mencionado, as teorias que compõem as TCCs podem dialogar entre si, e isso se deve ao fato de que muitas delas compartilham premissas, suas pesquisas estão intimamente ligadas e, muitas vezes, se complementam. Para lidar com questões étnico-raciais, posso fundamentar minha pesquisa em TCC, mas, se necessário, podem ser utilizados recursos, ferramentas e conceitos de outras teorias das TCCs, desde que sejam compatíveis com a conceitualização do caso. Essa possibilidade aumenta significativamente as chances de desenvolver estratégias eficazes e sensíveis para variadas demandas de diferentes grupos étnicos. Em resumo, o universo das TCCs funciona como uma espécie de repositório de estratégias e teorias conectadas que podem ser acessadas pelos terapeutas em suas intervenções clínicas.

Para que leitores e leitoras compreendam um pouco melhor os pontos que conectam as TCCs, é necessário conhecer algumas premissas que elas compartilham. A partir de Lucena-Santos, Pinto-Gouveia e Oliveira (2015), destaco: a busca pelo embasamento em estudos científicos; a crença de que pacientes devem ser ativos, agindo dentro e fora da sessão para resolver seus problemas; a necessidade de manter como foco inicial a resolução dos problemas atuais; além disso, os terapeutas podem ensinar pacientes a utilizar técnicas para que tenham autonomia em seus tratamentos; as circunstâncias específicas da vida de cada paciente precisam ser altamente valorizadas para que cada pessoa receba um tratamento customizado; os terapeutas devem adotar intervenções iniciais mais simples para, posteriormente, passar às mais complexas; e, por fim, o tratamento tende a se embasar em objetivos e com tempo monitorado predeterminado.

A TERAPIA COGNITIVO-COMPORTAMENTAL DE BECK

Meu encontro com a TCC

Antes de apresentar a TCC, cabe refletir: por qual motivo acredito que ela pode ser sensível e útil a grupos minorizados? Para responder, vou contar uma breve história. Quando trabalhava em um serviço especializado no tratamento de usuários de álcool, cocaína, crack e outras drogas, eu e uma outra terapeuta cognitivo-comportamental conduzíamos um grupo de prevenção de recaídas. Nosso objetivo era bastante desafiador, pois consistia em oferecer recursos a pacientes que abusavam de substâncias e estavam abstêmios há alguns dias, para que não voltassem a utilizá-las na mesma intensidade – o que, no caso daquelas pessoas, gerava muitos prejuízos à saúde.

Um fator que dificultava era o grupo se reunir às sextas-feiras e, geralmente, assim que terminava a atividade, os pacientes irem direto para suas comunidades, onde se encontravam com amigos e familiares, podendo ficar expostos às substâncias que precisavam ser evitadas. Dentro dessas condições, a taxa de sucesso dos tratamentos acabava sendo baixíssima. Então me debrucei a estudar o programa de prevenção de recaída embasado em TCC, que consiste em estratégias de automanejo e visam manter os estágios das mudanças de hábitos. Não posso dizer que o trabalho foi fácil e fluiu sem empecilhos, mas certamente pudemos perceber uma redução de danos significativa na vida daqueles pacientes.

Como o objetivo dessa história não está relacionado às questões específicas sobre o tratamento de abuso de substâncias, descreverei o que percebi sobre a aplicação da TCC naquela situação. Primeiramente, a TCC é "papo reto". Ou seja, as etapas do programa de recaídas eram tão práticas que nós pudemos exemplificar e literalmente desenhar ou encenar com pacientes quais comportamentos aumentavam ou diminuíam as chances de fazer uso abusivo das substâncias. Muitas pessoas atendidas ali não eram alfabetizadas e/ou tinham severas dificuldades de comunicação e compreensão das discussões do grupo. No entanto todas puderam assimilar as informações principais e as utilizaram de alguma forma para alcançar resultados.

Um segundo ponto importante é que a TCC é educativa. Para além de explicar o passo a passo do problema com bastante objetividade, nós psicoeducamos o grupo, o que significa que ensinamos diferentes estratégias de resolução de problemas para que cada indivíduo pudesse escolher a mais adequada para lidar com seus desafios. Nós queríamos que todos tivessem autonomia para fazer uma leitura da situação e escolher as melhores estratégias para enfrentá-la. Queríamos que conhecessem e se apropriassem das ferramentas psicoterápicas que usavam.

Um terceiro fator é a parceria e colaboração. Nós não nos apresentamos como "donos do saber", nós conversamos abertamente e de forma humilde. No início, apenas ouvimos e organizamos as informações; depois apresentamos a TCC adaptando os termos para facilitar a compreensão dos conceitos, discutimos o que caberia ou não para a realidade do grupo e, somente após todo esse cuidado, propusemos estratégias que foram praticadas em parceria, sendo nós, terapeutas, os técnicos do time que auxiliavam jogadores e jogadoras nos jogos que ocorreram em suas vidas. Essa é uma das histórias que exemplifica as muitas que vivi por aproximadamente uma década aplicando a TCC nas intervenções com grupos minorizados nas periferias da cidade de São Paulo. Com a TCC, pude trabalhar de forma objetiva, humilde, respeitosa e responsiva. Não afirmo que a TCC é sempre praticada assim, mas tenho certeza de que isso é uma possibilidade.

APRESENTAÇÃO DA TCC

Na década de 1960, Aaron Beck tratava seus pacientes utilizando a psicanálise como principal referencial teórico. Em determinado momento de sua trajetória, ele se dedicou a estudar e atender casos de depressão em um hospital. Para isso, elaborou estratégias de intervenções que, para além do referencial teórico psicanalítico, utilizavam contribuições de filósofos como o grego Epiteto e de pesquisadores como Alfred Adler, Albert Ellis, Richard Lazarus e George Kelly. Os resultados dos tratamentos foram tão surpreendentes que culminaram em pesquisas que compararam as intervenções de Beck com procedimentos medicamentosos e cujas conclusões positivas eram semelhantes. Ou seja: o tratamento verbal com TCC muitas vezes era tão eficaz quanto o medicamentoso (Beck, 2022).

Nos anos seguintes, pesquisadores e pesquisadoras do mundo inteiro começaram a testar a TCC em outros transtornos e obtiveram resultados satisfatórios e impressionantes. Atualmente, existem mais de dois mil estudos científicos comprovando a eficácia da TCC para variados transtornos, problemas psicológicos e psiquiátricos, como depressão, ideação suicida, transtornos de ansiedade e fobias, síndrome do pânico e abuso de substâncias (Knapp; Beck, 2008). O sucesso mundial da TCC possibilitou o surgimento de outras teorias, como a terapia do esquema, de Jeffrey Young, e a terapia cognitivo-comportamental culturalmente responsiva de Pamela Hays.

O PRINCÍPIO FUNDAMENTAL

"O princípio fundamental da TC é que a maneira como os indivíduos percebem e processam a realidade influenciará a maneira como eles se sentem e se comportam" (Knapp; Beck, 2008, p. 57). Desse modo, as intervenções buscam reestruturar pensamentos distorcidos e elaborar, de forma colaborativa, soluções pragmáticas para a resolução de problemas e melhora de sintomas relacionados a diferentes transtornos, visando uma vida mais funcional e adaptativa.

MODELO COGNITIVO

Com base no princípio fundamental, é possível compreender o modelo cognitivo, o qual propõe que pensamentos disfuncionais influenciam as emoções e os comportamentos das pessoas. Vamos supor, por exemplo, que um homem chamado Nagô estudou profundamente o assunto para uma palestra, preparou a apresentação com bastante cuidado e ensaiou o que diria com colegas. No entanto, no dia, olhou para a plateia numerosa e pensou: "Não vou conseguir fazer essa apresentação" (pensamento automático). Então ele começou a sentir muito medo de falar (emoção). Por conta disso, desistiu e foi embora (comportamento).

Imaginemos agora que a terapeuta cognitivo-comportamental Eduarda e seu paciente Nagô identifiquem os pensamentos automáticos, emoções e comportamentos levando em conta que, segundo o modelo cognitivo, ao apontar a mal adaptabilidade na relação pensar-sentir-agir, é possível reestruturá-la para que origine respostas adaptativas. Como o sonho de Nagô é ser palestrante, as intervenções psicoterápicas de Eduarda podem auxiliá-lo a aceitar um novo convite para palestrar. Após o convite, o foco das sessões pode ser elaborar estratégias para que, na próxima vez que estiver no palco, confie em tudo que estudou e não deixe pensamentos interferirem em suas emoções e comportamentos. Assim ele conseguirá o tão sonhado sucesso em sua palestra.

Na sessão seguinte, Eduarda estava disposta a propor um plano para que Nagô tivesse sucesso em sua nova palestra. No entanto, assim que chegou à sala de atendimento, ele contou que desistiu do sonho de estar nos palcos. A terapeuta, de forma tranquila e respeitosa, deixou as anotações sobre a proposta terapêutica de lado e se dispôs a ouvi-lo atentamente. Ele contou que pensou bastante em casa e chegou à seguinte conclusão: "Eu sou incapaz de ser palestrante. Aliás, incapaz de trabalhar com qualquer coisa que precise ficar diante de uma plateia, seja ela numerosa ou pequena. Falar em público não é para mim, eu não consigo". Com isso, Eduarda compreendeu que seria necessário trabalhar não apenas os pensamentos automáticos dele, suas intervenções precisariam também contemplar o que Beck (2022) denominou os três níveis da cognição: pensamento automático, crenças intermediárias e crenças nucleares.

OS TRÊS NÍVEIS DA COGNIÇÃO

Dou início à apresentação dos três níveis de cognição destacando que "as crenças nucleares são nossas ideias mais centrais sobre nós mesmos, sobre os outros e sobre o mundo" (Beck, 2022, p. 280). As crenças nucleares, também denominadas crenças centrais ou esquemas, geralmente acompanham as pessoas desde a infância. São ideias rígidas, absolutas, normalmente consideradas verdadeiras e inquestionáveis. Mas como as crenças centrais são elaboradas? Para Beck, elas são influenciadas pela predisposição genética (temperamento), interação com cuidadores ou pessoas de referência e pelo ambiente.

É importante ressaltar que as crenças centrais interferem no modo como a pessoa interpreta a realidade. No caso de Nagô, quando ele disse que acreditava ser incapaz de trabalhar com qualquer coisa que devesse ser feita em frente ao público, um alerta acendeu para a terapeuta. Ela considerou que a incapacidade referida poderia ser uma distorção da realidade baseada em uma crença central. Então elaborou a hipótese de o paciente ter uma crença central com conteúdos relacionados a desamparo, incompetência e incapacidade. A terapeuta realizou a psicoeducação com o paciente, ou seja, explicou didaticamente o que são os três níveis da cognição, e sugeriu que na sessão seguinte investigassem melhor a hipótese da crença central de desamparo.

Como já mencionado, as crenças centrais estão relacionadas a eventos que ocorreram na infância. Nagô contou que, quando criança, adorava falar em público e seu sonho era ser professor como seu pai, Arnaldo. No entanto o pai incentivava demais a irmã mais nova de Nagô, Klara, para as atividades em público e dizia sempre que Nagô poderia ser engenheiro, profissão de sua mãe, Shena, pois o menino adorava montar e desmontar objetos da casa e entender o funcionamento das coisas. Como repetiu de ano na escola, Nagô foi estudar na classe de Klara e, quando apresentavam trabalhos em sala de aula, professores e colegas elogiavam muito a irmã e faziam críticas a ele.

Com esse relato e muitos outros cuidadosamente discutidos em sessão, a terapeuta coletou elementos que validaram a hipótese de uma crença central de desamparo embasada em ideias como "eu sou incapaz" e influenciada pela comparação que Nagô fazia entre o seu desempenho e o da irmã, e pelas críticas que recebia de seu pai, educadores e colegas. Um fator atual que reforçava as crenças de Nagô era a sua irmã ter se tornado uma repórter muito conhecida. Ao longo das sessões, Eduarda percebeu a dificuldade de seu cliente em reestruturar sua crença central, pois esta exercia influência em diferentes áreas de sua vida, por exemplo: "sou incapaz de ter uma namorada" e "sou incapaz de ser um bom amigo". Como o assunto recorrente das sessões era a questão profissional, a terapeuta manteve como foco auxiliar o cliente a reestruturar cognições disfuncionais surgidas no contexto profissional, mas agora investindo no estudo das crenças intermediárias – ou seja, atitudes, regras e pressupostos, como Beck (2022) as define.

No caso de Nagô, sua crença central de desamparo "eu sou incapaz" influenciou suas crenças intermediárias. Vou explicar como isso ocorreu: quando criança, ele se sentia mal ao fazer apresentações na escola e ser comparado com a irmã. Certa vez, desistiu de uma apresentação e, naquele momento, se sentiu muito melhor. Então surgiu como crença intermediária o seguinte pressuposto: "Se eu fizer a apresentação, vou me aborrecer com os comentários; se eu não fizer, vai ficar tudo bem. É melhor desistir". Essa crença intermediária formulada na infância foi ativada na vida do paciente inúmeras vezes, ocasionando comportamentos disfuncionais.

Agora terapeuta e paciente estão prontos para discutir sobre a conceitualização cognitiva que os auxiliará na organização das informações levantadas até o momento no processo terapêutico. Em resumo, a crença central (desamparo – "não sou capaz") embasou a crença intermediária (regra – "não tenho habilidades necessárias para ser palestrante") que, por sua vez, exerceu influência nos pensamentos automáticos ("essa palestra não vai dar certo"). Por fim, a estratégia de enfrentamento que Nagô utilizou para lidar com a realidade interpretada a partir das suas crenças foi desistir da palestra (fugir).

CONCEITUALIZAÇÃO COGNITIVA

A conceitualização cognitiva é um caminho contínuo a ser trilhado de forma colaborativa entre paciente e terapeuta ao longo de todo processo psicoterápico. Ela fundamenta as práticas da TCC e contribui para compreender pontos fortes e fracos dos pacientes, principais barreiras e como superá-las. Para além disso, direciona, monitora e avalia o desenvolvimento do tratamento.

A seguir, apresento os dados do caso de Nagô no diagrama clássico de conceitualização cognitiva (Beck, 2022).

Diagrama 7.1 – Conceitualização cognitiva do paciente Nagô

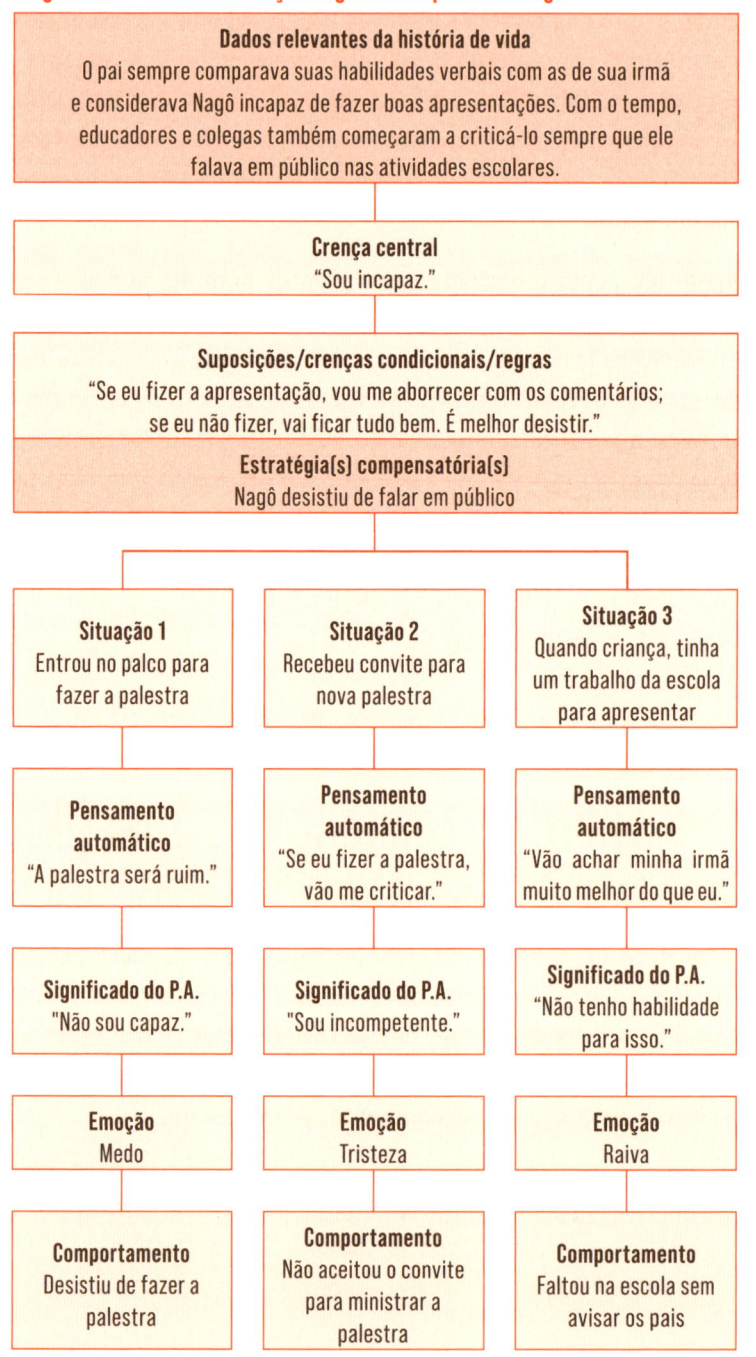

Dados relevantes da história de vida
O pai sempre comparava suas habilidades verbais com as de sua irmã e considerava Nagô incapaz de fazer boas apresentações. Com o tempo, educadores e colegas também começaram a criticá-lo sempre que ele falava em público nas atividades escolares.

Crença central
"Sou incapaz."

Suposições/crenças condicionais/regras
"Se eu fizer a apresentação, vou me aborrecer com os comentários; se eu não fizer, vai ficar tudo bem. É melhor desistir."

Estratégia(s) compensatória(s)
Nagô desistiu de falar em público

Situação 1	Situação 2	Situação 3
Entrou no palco para fazer a palestra	Recebeu convite para nova palestra	Quando criança, tinha um trabalho da escola para apresentar
Pensamento automático "A palestra será ruim."	**Pensamento automático** "Se eu fizer a palestra, vão me criticar."	**Pensamento automático** "Vão achar minha irmã muito melhor do que eu."
Significado do P.A. "Não sou capaz."	**Significado do P.A.** "Sou incompetente."	**Significado do P.A.** "Não tenho habilidade para isso."
Emoção Medo	**Emoção** Tristeza	**Emoção** Raiva
Comportamento Desistiu de fazer a palestra	**Comportamento** Não aceitou o convite para ministrar a palestra	**Comportamento** Faltou na escola sem avisar os pais

A conceitualização do caso foi apresentada de maneira simples, apenas para exemplificar a estrutura do processo. Terapeutas da TCC experientes são capazes de organizar um volume significativo de informações e relacioná-las para contribuir com os processos terapêuticos de pacientes quando conceitualizam seus casos.

PROCEDIMENTOS E TÉCNICAS

Eduarda é uma terapeuta que adotou a TCC por ter se identificado com os procedimentos e técnicas da abordagem. Logo no início de seus estudos, superou o senso comum e compreendeu que as intervenções são muito mais que aplicações de técnicas. Segundo Knapp e Beck (2008) e Beck (2022), nas intervenções em TCC, desde as primeiras sessões existe uma legítima preocupação com a relação terapêutica, sendo esta a base do tratamento. Isso se deve ao fato de que precisa haver uma boa parceria entre terapeuta e cliente para que pratiquem o empirismo colaborativo e a dupla trabalhe unida na identificação de pensamentos, emoções, comportamentos e na avaliação do tratamento.

Geralmente, as pessoas comentam que gostam das sessões de TCC por conta da interação com os profissionais, que propõem estratégias e ao mesmo tempo estimulam os clientes a falar o que julgarem pertinente e a fornecer feedbacks sobre o processo. Os questionamentos que incitam o indivíduo a refletir sobre seus problemas para ter seus próprios insights são outra característica importante. Isso ocorre na descoberta guiada.

Em relação às técnicas, existe uma variedade enorme que pode ser aplicada de acordo com a conceitualização cognitiva e o objetivo do profissional em determinada intervenção. Terapeutas e estudantes interessados em conhecê-las poderão acessá-las no livro *Técnicas de terapia cognitiva: manual do terapeuta* (Leahy, 2006).

De modo geral, técnicas e exercícios são utilizados para alcançar os seguintes objetivos:

> 1) monitorar e identificar pensamentos automáticos;
> 2) reconhecer as relações entre cognição, afeto e comportamento; 3) testar a validade de pensamentos automáticos e crenças nucleares; 4) corrigir conceitualizações tendenciosas, substituindo pensamentos distorcidos por cognições mais realistas; e 5) identificar e alterar crenças, pressupostos ou esquemas subjacentes a padrões disfuncionais de pensamento (Knapp; Beck, 2008, p. 59).

De volta ao processo psicoterápico de Nagô, Eduarda está contente, pois o trabalho com os três níveis de cognição (crenças nucleares, crenças intermediárias e pensamentos automáticos) auxiliaram o paciente a compreender que, por conta do histórico de suas relações com familiares e educadores, existe a tendência de que ele faça leituras distorcidas da realidade (distorções cognitivas). No entanto, mais que isso, a hipótese é que a crença central de desamparo influencia constantemente a forma como ele percebe a si, o mundo e o futuro (tríade cognitiva). Com essas informações, a terapeuta sugeriu como tarefa de casa o preenchimento do registro de pensamentos disfuncionais (RPD). Na sessão seguinte, Nagô trouxe o registro apresentado no quadro 7.1.

Quadro 7.1 – Registro de pensamentos disfuncionais (RPD) de Nagô				
Situação	Pensamento	Emoção	Resposta adaptativa	Resultado
Estava em uma roda de amigos e começaram a falar de um livro que eu li e gosto muito.	Tenho vontade de falar sobre o livro, mas certeza de que eles vão me julgar.	Medo de ser julgado pelos amigos. Senti dificuldade para respirar e frio na barriga.	Fiz respiração diafragmática por três minutos. Eu me acalmei e falei que li o livro três vezes. A partir disso, todos me ouviram atentamente.	Entendi que o pensamento automático ativou minha emoção, mas não estava correto. Respirei fundo e consegui falar sobre o livro. Foi muito bom!

Nagô compreendeu que é possível identificar pensamentos, emoções e comportamentos, e manejá-los para obter respostas funcionais. No entanto ainda não se sente preparado para ministrar palestras. Eduarda segue a conceitualização do caso em busca de novas estratégias.

PRINCÍPIOS DO TRATAMENTO

Judith Beck ressalta a importância de os processos psicoterápicos considerarem as especificidades de cada cliente. Entretanto apresenta alguns princípios gerais que se aplicam à maioria dos tratamentos baseados em TCC.

O detalhamento de cada princípio pode ser consultado no livro *Terapia cognitivo-comportamental: teoria e prática* (Beck, 2022, p. 15). São eles:

1. Os planos de tratamento estão baseados em uma conceitualização cognitiva em desenvolvimento contínuo;
2. Requer uma aliança terapêutica sólida;
3. Monitora continuamente o processo do cliente;
4. É culturalmente adaptada e adapta o tratamento ao indivíduo;
5. Enfatiza o positivo;
6. Enfatiza a colaboração e a participação ativa;
7. É aspiracional, baseada em valores e orientada para objetivos;
8. Inicialmente, enfatiza o presente;
9. É educativa;
10. É atenta ao tempo de tratamento;
11. Tem sessões estruturadas;
12. Utiliza a descoberta guiada e ensina seus pacientes a responderem às suas cognições disfuncionais;
13. Inclui planos de ação (tarefa de casa da terapia);
14. Utiliza uma variedade de técnicas para mudar pensamento, humor e comportamento.

O PRINCÍPIO NÚMERO QUATRO

O fato de eu ter escolhido a TCC como abordagem teórica não a isenta de críticas da minha parte. De modo geral, considero que suas pesquisas e práticas, atualmente, seguem padrões eurocêntricos e estadunidenses tanto quanto outras teorias normalmente presentes nas grades curriculares dos cursos de psicologia. No entanto, percebo uma postura autocrítica interessante na TCC e, sobretudo, abertura para atualizações da parte do criador Aaron Beck e de sua filha – e maior representante – Judith Beck. Um dos posicionamentos mais notáveis sobre a necessidade de haver melhorias na TCC está no livro *Terapia cognitivo-comportamental para pacientes suicidas*, de Wenzel, Brown e Beck. Segue um trecho da obra:

> Os clínicos precisam prestar particular atenção às questões culturais que tenham o potencial de ser uma barreira para buscar seus serviços. Em um de nossos testes clínicos, 60% dos pacientes eram afro-americanos e a etnicidade estava associada a uma atitude negativa em relação ao tratamento. Esses pacientes muitas vezes indicam que têm dificuldades em se conectar com o clínico a quem percebem como pertencendo a uma classe dominante (Wenzel; Brown; Beck, 2010, p. 119).

A autocrítica contida na citação é certamente muito importante, mas, a meu ver, ainda faltava mais comprometimento da abordagem com a situação. Passei anos esperando acesso a alguma publicação com posicionamento oficial e caminhos para avançar com o tema TCC para grupos minorizados. Então Judith Beck, na terceira edição do livro *Terapia cognitivo-comportamental: teoria e prática*, acrescentou o quarto princípio com as seguintes considerações:

> A TCC tem tradicionalmente refletido os valores da cultura dominante dos Estados Unidos. Entretanto, clientes com diferentes origens étnicas e culturais obtêm melhores resultados quando seus

> terapeutas reconhecem a relevância das diferenças, preferências e práticas culturais e étnicas (Beck, 2022, p. 17).

Além de reconhecer que a TCC está impregnada de valores da cultura dominante e que, para obter melhores resultados, é preciso considerar singularidades de outros grupos étnicos, Judith Beck admitiu também que existem pontos a serem melhorados nos procedimentos e técnicas da abordagem, afirmando que a TCC "tende a valorizar a racionalidade, o método científico e o individualismo. Clientes de outras culturas podem ter valores diferentes" (Beck, 2022, p. 17). Ao reconhecer essas deficiências da abordagem, o quarto princípio adverte o terapeuta ao dizer: "você pode em grande parte não ter consciência dos seus próprios vieses culturais" (Beck, 2022, p. 18).

Cientes de que o etnocentrismo da abordagem e o viés estadunidense de seus procedimentos e técnicas podem prejudicar e inviabilizar as intervenções, o quarto princípio recomenda que os terapeutas estudem a terapia cognitivo-comportamental culturalmente responsiva de Pamela Hays, pois a autora se debruçou em pesquisas para sensibilizar a abordagem e disponibilizá-la de forma responsiva a diferentes grupos minorizados (Hays; Iwamasa, 2013). Mais adiante, apresentarei detalhes dessa vertente e sua importância na clínica sensível às questões étnico-raciais baseada na TCC.

A CLÍNICA SENSÍVEL ÀS QUESTÕES ÉTNICO-RACIAIS BASEADA NA TCC

Finalmente, chegamos no momento do diálogo da TCC com a clínica sensível às questões étnico-raciais. Nessa jornada, primeiro estudamos as três percepções da psicologia e o movimento antirracista para compreendermos as bases teóricas da clínica sensível às questões étnico-raciais; depois, descobrimos o que é a TCC e o universo das TCCs para que possamos derrubar muros, construir pontes e abrir caminhos para a clínica sensível às questões étnico-raciais baseada na TCC.

A seguir, relacionarei os recursos da TCC que favorecem seu diálogo com a clínica sensível às questões étnico-raciais:

a. **Aliança terapêutica:** para Beck (2022), a experiência de fazer terapia pode ser bastante desafiadora. Sendo assim, terapeutas precisam ser hábeis para, de forma sincera, oferecer acolhimento adaptado às necessidades de cada paciente. É importante explicar de forma didática os procedimentos da terapia para que as pessoas se sintam seguras no processo; entender que, para o paciente, pode ser importante repetir determinados assuntos e buscar recursos antes de se aprofundar em temas sensíveis; saber manejar possíveis momentos de tensões na relação; e receber críticas sobre seu trabalho e o andamento da terapia. Atitudes como essas podem favorecer o vínculo terapêutico e possibilitar que clientes sintam segurança e confiança no processo.

b. **Empirismo colaborativo:** Kuyken, Padesky e Dudley (2010) destacam que, na TCC, terapeutas e pacientes se debruçam nas demandas do processo psicoterápico. As duas partes precisam ser ativas e colaborativas. Caso o cliente não esteja engajado, terapeutas precisam ser hábeis para solicitar feedbacks e incentivá-lo a se posicionar e opinar no processo. Para manter o equilíbrio da relação, é importante também que os profissionais sejam humildes e não conduzam as sessões com base exclusivamente nas próprias crenças, acabando por desconsiderar a perspectiva da pessoa atendida. O objetivo é estruturar e manter uma boa e respeitosa parceria durante todo o processo.

- c. **Empoderamento:** para Hays (2009), o terapeuta que atua com a TCC trabalha para que pacientes sejam protagonistas em seus processos terapêuticos e em suas vidas. Nas sessões, o profissional utiliza a psicoeducação para explicar suas intervenções e ensina técnicas a serem aplicadas de forma independente em espaços fora da terapia. A descoberta guiada contribui para que clientes treinem habilidades de análise de seus problemas com autonomia, a fim de alcançarem seus próprios insights. Em muitos casos, quando o paciente se sente seguro, é possível realizar sessões para prevenção de recaídas e planejar a alta terapêutica.

A seguir, um resumo das limitações da TCC que precisam ser adaptadas para que dialoguem com a clínica sensível às questões étnico-raciais:

- a. **Normatização e imposição de valores advindos da cultura dominante:** Hays e Iwamasa (2013) e Beck (2022) sinalizam a tendência da TCC de reproduzir e impor valores das culturas dominantes, por exemplo, valorizar e reforçar postura assertiva, racionalidade, individualidade e a ampla compreensão de habilidades verbais, como se expressar exclusivamente de acordo com a norma culta e considerar inapropriado o uso de gírias durante as sessões. Dessa forma, aquilo que é considerado adaptativo, funcional e oferece bons resultados para terapeutas de pessoas de determinado grupo étnico pode não significar o mesmo para outros e isso pode dificultar ou inviabilizar o desenvolvimento do processo psicoterápico.

- b. **Postura terapêutica demasiadamente objetiva e formal:** a TCC prioriza intervenções com focos específicos, sessões estruturadas, processos terapêuticos orientados por objetivos e metas, aplicação de testes e escalas. Isso pode ser aversivo e improdutivo para pacientes de determinadas culturas, etnias ou nacionalidades. Estudos de Kohn e colegas (2002) demonstraram como tratamentos em TCC aplicados em afrodescendentes estadunidenses se tornam mais eficazes quando o terapeuta permite contato físico, fala de modo afetivo, adapta termos para explicar procedimentos e se preocupa em lidar com o tempo da intervenção em um ritmo mais confortável a seus pacientes.

c. **Aplicação descontextualizada e inadequada de técnicas:** Graham, Sorenson e Hayes-Skelton (2013) pontuam que, se terapeutas praticarem a TCC de maneira acrítica, ou seja, sem considerar especificidades culturais, históricas e étnicas de seus clientes, existe risco significativo de mal uso das técnicas e prejuízo aos pacientes. A reestruturação cognitiva, que objetiva auxiliar clientes a compreender pensamentos disfuncionais e escolher estratégias adaptativas e funcionais para lidar com eles, não deve ocorrer sem considerar que existem aspectos sociais (pelos quais pacientes não podem ser responsabilizados), culturais (que devem ser levados em consideração) e individuais (que são passíveis de manejo e reprogramação). Assim, reestruturar sem considerar cultura, contexto e raça pode trazer uma sensação de desconexão, falta de sentido e apoio perante o grupo étnico da pessoa atendida, além de favorecer recaídas.

A TCC CULTURALMENTE RESPONSIVA

Para seguir as recomendações que constam no princípio quatro da TCC, apresento de modo sucinto a TCC culturalmente responsiva. Para isso, retomo o caso de Nagô. O cliente chegou ao consultório com a queixa de que não conseguia realizar palestras, sendo que ser palestrante era seu sonho. Eduarda estruturou um bom vínculo; utilizou a psicoeducação baseada no modelo cognitivo;

identificou estratégias de enfrentamento, pensamentos automáticos, crenças intermediárias e nucleares e histórico. A terapeuta ficou contente quando aplicou o registro de pensamentos disfuncionais (RPD) e verificou que, em determinada situação, Nagô soube identificar pensamento, emoção e comportamento e, a partir disso, praticou estratégias funcionais.

No entanto, o cliente seguiu desacreditado de seu potencial como palestrante e muito triste com toda a situação. A terapeuta decidiu levar o caso para a supervisão do dr. Baba, que disse: "Você fez uma ótima conceitualização do caso e aplicou as técnicas de modo bastante consciente. Precisamos entender o motivo da estagnação do processo. Você investigou aspectos étnico-raciais do seu cliente?". Nesse momento, Eduarda argumentou que Nagô era um homem autodeclarado preto, mas que não tinha considerado essa informação relevante para o problema relatado. Dr. Baba sugeriu pesquisar melhor possíveis influências de aspectos relacionados à raça e classe no caso discutido e indicou alguns livros, entre eles, *Terapia cognitivo-comportamental culturalmente responsiva*, de Hays e Iwamasa.

Dr. Baba queria que Eduarda conhecesse um nome muito importante na TCC culturalmente responsiva: Pamela Hays, uma estadunidense que viajou o mundo para realizar pesquisas e aplicar a TCC em diferentes povos. No livro citado, organizado por ela e Gayle Iwamasa (2013), as autoras apresentam de forma brilhante e contundente pesquisas que aprimoram a TCC. A obra primeiro demonstra a importância do tema e cita pontos relevantes a serem criticados e adaptados na TCC como um todo; em seguida, se dedica a mostrar como a abordagem pode se sensibilizar às questões de grupos específicos que são minorizados nos Estados Unidos como indígenas, nativos do Alasca, latinos, africanos, asiáticos, árabes, judeus ortodoxos, pessoas idosas, pessoas com deficiências, pessoas lésbicas, gays e bissexuais (Hays; Iwamasa, 2013).

Segundo as autoras, é comum que as pessoas tenham lacunas de conhecimento, afinal é impossível saber tudo sobre todos os povos. A questão é que os indivíduos tendem a preencher essas lacunas com informações que estão acessíveis ou presentes de modo abundante no ambiente à sua volta. Ocorre que essas informações podem ser provenientes de discursos dominantes e carregarem valores preconceituosos. Assim, as pessoas podem preencher as lacunas de conhecimento com informações de grupos dominantes e, se as reproduzirem sem crítica, reforçarão valores de culturas dominantes, preconceituosos, discriminatórios, racistas e machistas.

O preenchimento de lacunas de conhecimento com informações provindas de discursos dominantes tende a ocorrer com terapeutas. Mas como isso acontece? A psicologia se apresenta como neutra e universal, e fortalece esse argumento desconsiderando informações sobre raça, cor e etnia de clientes nas pesquisas. Dessa forma, insinua que foi feita por todos e para todos os povos, mas os terapeutas estudam uma ciência que preenche suas lacunas e opera de modo eurocêntrico. O resultado disso é que clientes são moldados a partir de padrões hegemônicos (racionalidade, assertividade, individualismo) e da desvalorização de outras culturas, com falas como: "não fale utilizando gírias", "pare de pensar no grupo e pense mais em você", "não seja tão sentimental". Por conta disso, as práticas psicoterápicas tendem a ser preconceituosas, discriminatórias, racistas e operar em favor da manutenção da supremacia racial branca. E o grande problema é que, mesmo enviesadas, as práticas são consideradas neutras e universais. Hays e Iwamasa (2013) fazem muitas contribuições para lidar com essa questão. A seguir, destaco as que considero mais importantes.

a. **Responsividade:** utilizar os recursos da TCC de modo apropriado, adaptado e customizado para que seja possível atender com eficácia às demandas, necessidades e problemas de cada paciente.

b. **Sensibilidade cultural:** Hays (2009) define como sensibilidade cultural as habilidades do terapeuta em conhecer sua própria cultura, seu lugar de fala e seus vieses; se colocar diante do paciente como um aprendiz da cultura dele; e ser capaz de alternar conscientemente entre sua própria lente cultural e a do cliente.

c. **Competência cultural:** é a capacidade de terapeutas de tomar a perspectiva do cliente na compreensão dos significados psicológicos de sua experiência.

d. **Terapeuta precisa tomar a decisão:** para que terapeutas TCC sejam sensíveis às questões étnico-raciais, precisam de certa abertura para aprender com seus pacientes, o que não significa esperar saber tudo sobre uma cultura diferente. Para além de ser bom ouvinte, é preciso tomar a decisão de adotar o antirracismo como um modo de ver a vida – e isso significa agir de acordo com essa postura dentro e fora do consultório. A tomada de decisão é importante, pois não existe curso, supervisão ou qualquer procedimento que possa tornar uma pessoa antirracista ou sensível à causa. É preciso se comprometer com esse processo e permitir que a transformação de seu modo de perceber a cena social ocorra. Junto da decisão pessoal de ser antirracista, é necessário iniciar os estudos considerando fontes de dentro e de fora da academia. Hays e Iwamasa (2013) também sugerem que, se possível, terapeutas se aproximem de culturas diferentes das suas (por meio de viagens, arte, culinária, roupas) para que possam ter experiências que auxiliem a ampliar sua compreensão da TCC culturalmente responsiva.

e. **Análise profunda do ambiente do paciente:** Hays (2009) propõe que o ambiente e o contexto no qual o cliente está inserido seja minuciosamente analisado. Aqui vão algumas informações importantes e que devem ser consideradas:

1. **Problemas ambientais:** racismo, discriminação, violência, falta de recursos financeiros e sanitários, de saúde e educação, desastres ou guerras.

2. **Condições ambientais:** praias, jardins, espaço para recreação, igrejas, terreiros e a presença de arte e música específicas da cultura.

3. **Suportes interpessoais:** celebrações e rituais tradicionais, grupos de ação política e social, parente bem-sucedido (fonte de orgulho e força para os pais e a família estendida).

4. **Princípios e concepções:** noções de origem da vida, religião, inteligência, patologia, tempo e relações intergeracionais.

Após ter acesso a todas essas informações e ouvir atentamente as orientações do dr. Baba, Eduarda conseguiu compreender que questões étnico-raciais interferiam na vida de seu cliente. Nagô tem uma família inter-racial na qual o pai é um homem branco e a mãe uma mulher preta. A irmã Klara é uma mulher branca que se parece muito com o pai. A família sempre teve boas condições financeiras e, por conta disso, os filhos estudaram em escolas particulares, cercados de pessoas majoritariamente brancas. Ao receber essas informações, dr. Baba sugeriu investigar se as comparações feitas entre Klara e seu irmão eram de cunho racista, já que ela é branca, padrão de beleza, inteligência e comunicação, e Nagô é preto e com chances de ser subjugado por conta da cor.

Seria o posicionamento do pai um tanto racista em relação ao filho negro, mesmo que de maneira inconsciente, já que pareceu haver certa desvalorização e descrédito dele e preferência e exaltação da filha branca, o que poderia estar relacionado à discriminação racial? Por fim, dr. Baba sugeriu que Eduarda procurasse saber mais sobre Shena, a mãe preta que pouco apareceu nos relatos. Eduarda anotou com atenção todas as informações e, no caminho para casa, refletiu sobre as complexidades desse caso e pensou que a terapia do esquema também poderia ajudá-la.

A TERAPIA DO ESQUEMA (TE)

Para completar a apresentação das três principais teorias que utilizarei para embasar as práticas clínicas da Parte III deste livro, cito brevemente a TE, desenvolvida por Jeffrey Young e colegas a partir de estudos que basicamente aplicavam TCC em casos de transtornos de personalidade. Da necessidade de adaptar a TCC padrão para as demandas desses pacientes, surgiu uma terapia inovadora e integrativa com referencial teórico que mesclou elementos das TCCs, da teoria do apego, Gestalt, construtivista, psicanalítica e das relações objetais (Young; Klosko; Weishaar, 2008).

Um dos motivos para utilizar a TE para trabalhar temas relacionados às questões étnico-raciais é que, "além de ser uma forma avançada das terapias cognitivo-comportamentais, também representa uma contribuição relevante ao campo da personalidade e do desenvolvimento humano" (Wainer, 2016, p. 15). Assim, os recursos que a TE acrescentou ao arcabouço teórico e prático das TCCs possibilitam análises e intervenções mais complexas e profundas sobre as relações terapêuticas, as emoções, a personalidade, as relações parentais, as necessidades humanas, o manejo dos traumas e o desenvolvimento humano, entre outros fatores. (Young, 2003).

Outro aspecto importante sobre a oferta dessa terapia na clínica sensível às questões étnico-raciais é sua altíssima capacidade de compreender e dialogar com os estudos psicanalíticos antirracistas, já que se trata de uma teoria da TCC que tem como base teorias psicanalíticas e se dedica ao entendimento do desenvolvimento humano e da personalidade. Mas qual a importância disso? Como expus anteriormente, os estudos antirracistas brasileiros estão, em sua maioria, fundamentados nas obras de Frantz Fanon, Neusa Santos Souza, Virgínia Bicudo, Lélia Gonzalez e Isildinha Baptista Nogueira, entre outros autores e autoras que dialogam com a psicanálise. Portanto, a TE facilita, por exemplo, a compreensão das obras de Fanon e possibilita que suas contribuições sejam consideradas na clínica sensível às questões étnico-raciais baseada em TCC.

CAPÍTULO 8
À PROCURA DA BATIDA PERFEITA

No final da Parte I, ressaltei que, atualmente, por conta de todo o contexto histórico do Brasil e mundo, a psicologia brasileira, de modo geral, não é feita por e nem para as pessoas pretas. Nesta Parte II, a intenção foi contribuir para que a psicologia preta possa acontecer cada vez mais nesse país. Para isso, apresentei autores e autoras de diferentes tempos, etnias e lugares que se debruçaram sobre a análise crítica da psicologia eurocêntrica e pensaram, com muita garra, em maneiras de transformar a psicologia e oferecer o melhor da área para o povo preto e outros grupos minorizados.

Com essas contribuições, uno esforços com estudantes de todo o Brasil para não aceitarmos mais a afirmação de que o viés eurocêntrico da psicologia é uma mentira, afinal já existem décadas de pesquisas robustas que sustentam que a área foi colonizada. E para recusarmos a ideia de que o tema étnico-racial não tem relevância nem referencial teórico com rigor e seriedade para se tornar uma pesquisa, posto que diversos estudos sustentam novas investigações sobre o assunto.

Outro ponto importante foi demonstrar que existem recursos para tornar possível a oferta de serviços psicoterápicos de qualidade para pessoas pretas. Já foram apontados caminhos e sabemos que as TCCs, por exemplo, têm conceitos e ferramentas para compreender e tratar questões complexas relacionadas aos efeitos do racismo nas pessoas pretas. Se isso não ocorreu até o momento, não acredito que tenha sido por falta de viabilidade, mas pelo racismo acadêmico e epistêmico praticado principalmente por meio do silenciamento de instituições de psicologia que, voluntária ou involuntariamente, sustentam essa postura de forma secular a partir da perpetuação do mito da democracia racial.

O que desejo também é que as pessoas pretas ocupem não apenas o lugar de sujeitos de pesquisas, mas sejam ouvidas e reconhecidas pela sabedoria, competência e por toda beleza que emana do exercício da negritude e das práticas de matriz africana. As TCCs sabem que as tradições antigas guardam ensinamentos e, por conta disso, fizeram um belíssimo trabalho com o mindfulness, que dialoga com as práticas meditativas budistas. Além disso, a psicanálise sempre explicitou seu apreço pela mitologia grega ao citar, por exemplo, Édipo. Sendo assim, a psicologia brasileira está pronta para receber contribuições da mitologia iorubá, da capoeira, da umbanda, do candomblé e do samba. Se podemos citar Édipo, podemos citar Exu, pois o caminho para acessar tradições antigas de diferentes grupos étnicos tem, ou deveria ter, semelhanças.

Juntas, todas essas ideias contidas no livro são como um repertório musical que na Parte III servirá de base para tornar possível o sonho de reproduzir os atos de Marcelo D2, quando este canta que vai para o samba, procurando a batida perfeita.

PARTE III

A PRÁTICA CLÍNICA SENSÍVEL ÀS QUESTÕES ÉTNICO-RACIAIS BASEADA NA TCC

CAPÍTULO 9

DEMANDAS CLÍNICAS RELACIONADAS ÀS QUESTÕES ÉTNICO-RACIAIS E CAMINHOS PARA MANEJÁ-LAS

Nesta terceira parte do livro, compartilho discussões que articulam conteúdos da primeira e segunda. Para que isso ocorra, neste capítulo apresento possibilidades de manejo clínico para algumas demandas que pessoas pretas possam apresentar em seus processos psicoterápicos, e no próximo me dedico a expor questões mais teóricas e técnicas com a intenção de contribuir com a prática clínica sensível às questões étnico-raciais, sobretudo a baseada em TCC.

Ao longo da Parte III, exponho também ideias, hipóteses e questionamentos que me ocorreram em todos esses anos realizando pesquisas, palestras, aulas, atendimentos, supervisões e vivendo como uma pessoa negra no Brasil. Não pretendo esgotar o tema; a ideia é que ele nunca se esgote para que possamos caminhar permanentemente em direção a um mundo melhor para todos os povos. Reforço que as reflexões que virão a seguir levam em conta o contexto de uma psicologia e uma TCC brasileiras que dialoguem com pesquisas de diferentes tempos e lugares para compreender e tratar temas do povo afro-brasileiro.

ESTIGMAS E CÓDIGOS SOCIAIS INVOLUNTÁRIOS

O que são estigmas?

Imagine que uma mulher negra chamada Dandara está na farmácia à procura de uma medicação. Uma mulher branca olha para ela e faz a leitura de que, por ser negra, ela está no local para atender clientes, por isso solicita ajuda para encontrar o produto desejado. Dandara fica muito irritada e responde: "Por que você acha que eu devo lhe servir? Estou aqui fazendo a mesma coisa que você. Fez isso por eu ser negra?". Nesse momento, duas profissionais da farmácia entram em cena e levam cada uma para um espaço diferente para serem atendidas e comprarem seus produtos. Convido leitoras e leitores a entenderem melhor a perspectiva de Dandara. Ela ficou irritada por pelo menos dois motivos: o primeiro é que interpretou a situação como discriminação racial. Seu argumento parte do princípio de que não havia elementos para que fosse confundida com uma atendente e que a mulher branca se baseou apenas em sua raça para concluir que uma mulher negra estaria no local para servi-la. O segundo motivo é que situações como essa ocorrem com bastante frequência em sua vida.

No meu consultório, são comuns pacientes afrodescendentes relatarem experiências como: "Estava parado na rua e a polícia chegou e me acusou de roubo", "Estava na sala pronta para dar aulas e uma aluna me perguntou onde estava a professora", "Fui pegar o meu carro no estacionamento e o manobrista perguntou onde estava o dono do veículo", "Chegaram na minha casa para fazer um reparo e perguntaram onde estava a proprietária". A verdade é que Dandara cansou de diariamente ser tratada com inferioridade e, diante dessas situações, agora ela se mobiliza emocionalmente e faz questão de expressar suas inquietações.

Em casos como o dela, o tratamento é complexo. Durante as sessões de terapia, pacientes costumam relatar que o mesmo problema ocorre em ambientes diferentes (farmácias, estacionamentos, escolas) e com interlocutores diferentes (estudantes, colegas de trabalho, pessoas desconhecidas). Assim fica muito difícil prever quando, onde e com quem vai acontecer para poder planejar estratégias para lidar com cada situação. Ou seja, a pessoa negra pode ter uma estratégia para não ser mais abordada dessa forma especificamente na farmácia, porém a mesma situação poderá ocorrer novamente no shopping ou no banco. O problema pode se repetir por muitos anos, ou por uma vida inteira, gerando variados impactos na saúde mental, sem que se encontre uma estratégia eficaz para solucioná-lo.

Apresento um depoimento que também exemplifica esse tipo de situação: "Meu nome é Jamal e sou um jovem negro. Estudo violino faz muitos anos, amo tocar, mas toda vez que me apresento como músico me perguntam se toco samba. Até aí tudo bem, pois gosto de música clássica e de samba também. O problema foi quando fui fazer um teste para entrar em uma orquestra e, assim que o maestro me viu, pediu para eu me retirar, nem me deixou tocar, disse que os testes para vagas de música popular eram na sala ao lado. Ele achou que meu violino era um cavaquinho. Nem deu tempo de explicar nada".

Episódios como esses já ocorreram muitas vezes com Dandara, com Jamal e comigo. Para compreendê-los, é preciso entender que afro-brasileiros e afro-brasileiras muitas vezes sofrem com a estigmatização. Mas o que é estigma? Esse conceito se tornou conhecido no campo da psicologia social, principalmente por conta da obra *Estigma: notas sobre a manipulação da identidade deteriorada* (Goffman,1963). A teoria dos estigmas facilita a articulação entre diferentes tópicos discutidos neste livro e a considero de alta relevância para que as práticas clínicas em TCC sejam mais sensíveis às questões étnico-raciais. O estigma é "um sinal ou uma marca que designa o portador como 'deteriorado' e, portanto, menos valorizado do que as pessoas consideradas normais" (Ronzani; Furtado, 2010 p. 327). Na Parte I deste livro, apresentei um exemplo de estigmatização quando abordei um dos procedimentos violentos que africanos e africanas sofriam antes de embarcarem nos navios negreiros, no caso, terem seus corpos marcados com ferro incandescente para indicar a origem daqueles "produtos". Essa marca na pele negra significava que aquela pessoa havia se tornado uma mercadoria, um animal de trabalho, e assim deveria ser vista pelas outras pessoas que cruzassem seu caminho (Gomes, 2019). O corpo de Dandara pode não ter sido marcado por um ferro incandescente, mas as marcas que feriram a pele e a história de seus ancestrais ainda impactam sua vida, visto que questões étnico-raciais atuais reproduzem situações do colonialismo (Quijano, 2005).

Uma leitura possível da situação ocorrida na farmácia é que a mulher branca, ao ter contato com uma negra retinta, reproduziu o comportamento de seus ancestrais, pois identificou na pele da outra o estigma que lhe conferiu historicamente o direito de ser servida. Considerando essas reflexões, é possível compreender que as pessoas no Brasil vêm sendo treinadas há muito tempo para relacionarem a pele negra a situações de inferioridade e subalternidade.

É importante ressaltar que, assim como negros no Brasil sofrem por conta dos estigmas, existem outras categorias que também são estigmatizadas, como indígenas, a comunidade LGBTQIAP+, mulheres e pessoas com deficiência. Para Goffman (1963), existem ao menos três tipos de estigmas: abominações do corpo, que atinge pessoas com deficiência ou com o corpo considerado fora do padrão; culpas de caráter, que afeta pessoas com problemas graves de saúde mental, como transtornos por abuso de substâncias; e de grupo, como a população LGBTQIAP+, que são julgadas por terem problemas que supostamente teriam causado, e raça e etnia, que envolve grupos étnico-raciais considerados inferiores como, por exemplo, refugiados, palestinos e povos ciganos.

O que são códigos sociais?

Sempre morei no Brasil, mas já visitei outros lugares do mundo. Certa vez, viajava pelo continente africano e estava no aeroporto da cidade de Freetown, em Serra Leoa. Na ocasião, parei alguns minutos para descansar e, quando olhei ao meu redor, vi que quase todas as pessoas que estavam ali eram negras.

Eram centenas, talvez milhares de pessoas negras ao meu redor! Naquele momento, um grande peso saiu das minhas costas e eu demorei a compreender o porquê daquele alívio. Talvez eu nunca entenda completamente o que me ocorreu, mas posso dizer que um dos motivos foi o fato de que, naquele instante, a cor da minha pela não fazia com que as pessoas pensassem algo sobre mim ou me tratassem de determinada forma, afinal todas elas eram como eu. Senti que eu era somente uma pessoa em meio a outras, e isso foi libertador.

De volta ao Brasil, ficou claro que neste país vivo incomodado por sentir que em minhas interações carrego sempre o estigma do meu grupo étnico-racial. Esse estigma transmite códigos sociais involuntários, e instituições e pessoas brancas ao meu redor recebem e respondem a eles – muitas vezes de forma racista. A mesma situação ocorreu com Dandara na farmácia, que, por ser uma mulher negra, simplesmente ao estar parada no local transmitiu um código social involuntário, lido por uma pessoa branca que a discriminou por causa de sua raça.

Em linhas gerais, os códigos sociais involuntários são as informações que pessoas estigmatizadas e/ou pertencentes a grupos minorizados transmitem sem intenção. Existem também os códigos sociais voluntários, que são informações transmitidas de modo intencional, como escolher o que colocar no currículo para impressionar quem avalia, usar determinados adjetivos ao se apresentar ou dizer que gosta de samba, pagode, sertanejo, rock ou música clássica.

Manejo clínico dos estigmas e códigos sociais

Frantz Fanon faz uma indagação bastante pertinente: "Como explicar, por exemplo, que um calouro negro, chegando à Sorbonne para ali obter o diploma em filosofia, antes que quaisquer elementos conflituais se organizem à sua volta, já assuma de antemão uma postura defensiva?" (Fanon, 2020, p. 160). Nesse caso, é possível que por carregar um estigma o calouro tenha emitido um código involuntário e esteja se defendendo das respostas que recebeu, as quais podem ter sido enviadas por outra pessoa que tenha feito falas racistas (racismo individual), pela instituição que não contratou docentes afrodescendentes e oferece disciplinas em que o conteúdo é dedicado exclusivamente a teorias eurocêntricas (racismo institucional) ou pela ausência de pessoas negras no local por conta da dificuldade que encontram para se tornarem estudantes daquela instituição (racismo estrutural).

Aaron Beck percebeu que, durante as sessões, pacientes afrodescendentes se sentiam desconfortáveis com terapeutas brancos e isso impedia ou atrapalhava o processo terapêutico (Wenzel; Brown; Beck, 2010). Provavelmente, o desconforto surgia quando tal paciente recebia respostas aos seus códigos sociais involuntários, que poderiam ter sido enviadas pelo terapeuta de forma intencional ou não. Ao se mostrar ciente da possibilidade de prejuízos significativos nas relações terapêuticas inter-raciais, Judith Beck fez o seguinte apontamento para terapeutas da TCC: "Quando as culturas dos clientes são diferentes da sua, você poderá precisar melhorar sua competência cultural. Na verdade, você pode em grande parte não ter consciência dos seus próprios vieses culturais" (Beck, 2022, p. 18).

Para um bom manejo clínico das questões étnico-raciais, é importante que profissionais da psicologia fiquem atentos aos próprios comportamentos que possam ser compreendidos como respostas com vieses racistas aos códigos sociais de seus clientes. Por exemplo, o uso de bonecas, imagens, filmes e outros elementos que valorizem e enalteçam exclusivamente a raça branca tem potencial para transmitir uma mensagem com viés racista para pessoas negras. Da mesma forma, comentários pejorativos relacionados às religiões de matriz africana também podem prejudicar o vínculo terapêutico, independentemente de terem sido feitos de forma voluntária ou não.

A leitura e o manejo dos códigos sociais podem contribuir com o amadurecimento do vínculo terapêutico e com muitas outras situações na vida de pacientes. Por conta disso, na TCC sensível às questões étnico-raciais é importante auxiliar clientes para que desenvolvam habilidades e possam identificar os códigos sociais involuntários lidos por outras pessoas. Isso aumenta as chances de prever o que vai ocorrer nas interações sociais e pode contribuir para o planejamento de como lidar com a discriminação racial, compreendida neste livro como uma resposta de terceiros aos códigos sociais involuntários.

Alguns exemplos práticos do manejo dos códigos involuntários são:

a. **Abordagens policiais:** considerar a possibilidade de a polícia responder ao código social involuntário de maneira racista e ler pessoas negras como criminosas. Famílias afro-descendentes podem preparar crianças e jovens para que, em caso de abordagem policial, portem sempre seus documentos, não façam movimentos rápidos, respondam com voz baixa, não coloquem as mãos na cintura e não tenham qualquer tipo de comportamento que possam gerar reações violentas por parte desse policial, que pode acabar disparando a arma. É importante saber seus direitos para exigir respeito.

b. **Legitimação de posições e cargos:** uma mulher negra que é professora de uma faculdade e percebe que sua raça e gênero transmitem códigos sociais involuntários que levam estudantes a não respeitarem sua atuação como docente pode exigir que a instituição reforce formalmente sua posição e adote outras medidas que a legitimem no cargo.

De modo geral, intervenções que auxiliam a pessoa negra a se tornar mais consciente de seus códigos sociais involuntários, bem como das possíveis respostas dadas a eles, podem ajudá-la a obter informações mais detalhadas da realidade, identificar padrões e elaborar estratégias funcionais para lidar melhor com possíveis exposições ao racismo. Isso pode trazer avanços significativos no processo psicoterápico por auxiliar pretos e pretas a lidarem com problemas recorrentes e geradores de bastante estresse.

Os códigos sociais voluntários também podem ser utilizados para o manejo dessas situações, já que são úteis para transmitir informações propositais, funcionais e adaptativas. Eles podem servir, por exemplo, para repudiar atos racistas, corrigir informações distorcidas ou possibilitar que a população negra demonstre seus potenciais.

Ressalto que a identificação e as estratégias para lidar com os códigos sociais involuntários não têm como objetivo fazer com que pessoas negras se adaptem de forma resignada a ambientes racistas. A ideia é que elas possam obter informações relevantes que sirvam para elaborar boas ações de enfrentamento, sendo inclusive uma possibilidade válida verbalizar seus incômodos ao sofrer atos racistas, mesmo que isso aparente ser disfuncional aos olhos de terceiros. A TCC sensível às questões étnico-raciais torna as pessoas negras mais capazes de elaborar melhores estratégias para alcançar seus objetivos, não necessariamente as torna mais calmas, tranquilas ou resignadas.

Convido leitoras e leitores a conhecer um jovem negro chamado Jorge. Ele iniciou um processo terapêutico recentemente com o dr. Baba, um homem negro bastante experiente que atende nas abordagens TCC e terapia do esquema (TE) e que já foi apresentado nas páginas anteriores. Jorge reside na periferia da cidade de São Paulo, e nas primeiras sessões apresentou queixa de estresse, insônia e ansiedade que tiveram início após uma abordagem policial violenta. Para exemplificar uma intervenção para casos como o de Jorge, apresento como ferramenta a análise de códigos sociais. Seu objetivo é contribuir para que o cliente esteja mais preparado para lidar com a situação caso ela ocorra novamente.

Quadro 9.1 - Análise de códigos sociais (Jorge)
Situação: a possibilidade de ser abordado de forma violenta novamente pela polícia
Estigma: raça negra
Possíveis interpretações dos códigos sociais involuntários: policiais no Brasil podem, eventualmente, ler meus códigos sociais involuntários e julgar que sou um criminoso e, a partir disso, me agredir fisicamente e me acusar
Riscos: é possível que eu sofra violência física e verbal, seja incriminado injustamente ou até seja assassinado como foi George Floyd
Estratégias para lidar com a situação: estar sempre com meus documentos na carteira; fazer movimentos lentamente e só quando for solicitado; responder às perguntas de forma objetiva e em voz baixa; não colocar as mãos na cintura; evitar qualquer tipo de comportamento que possa assustar o policial e ele acabe disparando a arma; registrar o nome do policial, a placa do carro e o local da abordagem para possíveis processos e reclamações
Códigos sociais voluntários: andar com carteira de trabalho que esteja com registro de emprego fixo válido; evitar caminhar sozinho à noite; não usar touca e roupas que cubram o rosto; evitar andar com guarda-chuva ou objetos que possam ser interpretados como armas
Ações de médio e longo prazo: participar de grupos comunitários que dialoguem com os distritos policiais da região e cobrar que, em casos de abordagens a jovens negros periféricos, policiais ajam de forma respeitosa; denunciar abusos policiais sempre que for seguro e possível

O QUE SÃO AS OPRESSÕES INTERNALIZADAS?

O manejo clínico dos estigmas e códigos sociais pode ser muito importante durante todo o tratamento, pois auxilia pacientes a administrarem questões cotidianas. No entanto, é possível que exposições frequentes ao racismo tenham como resultado a opressão internalizada que pode ser compreendida como "uma condição na qual um indivíduo ou grupo oprimido acreditam ser inferiores àqueles que estão no poder na sociedade" (Juvenil; Tavares; Ventura, 2023, p. 126).

Para David (2009), uma pessoa negra que sofre racismo por muitos anos pode começar a se sentir inferiorizada mesmo em momentos em que não haja alguém ou alguma instituição investindo contra ela. Isso pode ocorrer pois, em casos como esse, crenças nucleares e intermediárias podem ter sido profundamente afetadas a ponto de levar essa pessoa a interpretações distorcidas sobre si mesma. Um exemplo desse quadro é o sentimento de desamparo que atinge a pessoa negra ao concluir que não existe forma de controlar determinada situação, de modo que apenas aceita sofrer as consequências sem reagir (David, 2009). O conceito de opressão internalizada dialoga com as reflexões apresentadas na Parte I deste livro, como o trecho no capítulo 2 em que Neusa Santos Souza (2021) explica que a identidade negra formada a partir da visão do branco pode, em diferentes graus, desenvolver no indivíduo uma visão inferiorizada de si.

Dandara está muito cansada das exposições ao racismo que tem sofrido, principalmente depois que se mudou para um bairro nobre da cidade de São Paulo. Ela pediu indicação de terapeuta para seu amigo Nagô e iniciou o processo terapêutico com a profissional Eduarda. Nas primeiras sessões, a profissional a acolheu, se apresentou como uma terapeuta branca consciente de seu lugar de fala e utilizou uma ficha de análise de códigos sociais que recebeu de seu supervisor, o dr. Baba. Os resultados iniciais foram satisfatórios, no entanto, Dandara e Eduarda acreditam que as exposições ao racismo impactaram profundamente a vida da cliente, por isso querem analisar as crenças de Dandara para avaliar a hipótese de opressões internalizadas.

Quadro 9.2 - Análise das crenças de Dandara
Crenças nucleares: "não sou digna de ter o amor de ninguém", "é impossível me amar".
Crenças intermediárias: "quando alguém demonstra algum interesse por mim, é melhor me afastar para não sofrer com o abandono que certamente virá".
Pensamentos automáticos: "ninguém me quer nesse local", "vou embora daqui antes que peçam para eu sair".

Como a TCC pode auxiliar Dandara a modificar suas crenças? De modo bastante resumido, as intervenções da abordagem geralmente ocorrem de acordo com as seguintes etapas: a) terapeuta busca identificar crenças disfuncionais; b) realiza intervenções para modificá-las; c) como resultado de um processo colaborativo, as crenças disfuncionais são modificadas e reestruturadas, se tornam funcionais e direcionam clientes para interpretações realistas das situações e comportamentos funcionais e adaptativos (Beck, 2022). Esse modelo é eficaz para diversos diagnósticos, no entanto, em casos que envolvem questões étnico-raciais, pode ser difícil modificar tais crenças. Essa dificuldade se dá porque o ambiente pode apresentar fatores que geram, ativam e perpetuam crenças disfuncionais no cliente.

FATORES AMBIENTAIS: COMO INDIVÍDUOS, INSTITUIÇÕES E ESTRUTURAS SOCIAIS OCASIONAM E REALIZAM A MANUTENÇÃO DAS OPRESSÕES INTERNALIZADAS?

Retomo o episódio de Dandara para convidar os leitores a entender um pouco mais a perspectiva de Agnes, a mulher branca do caso da farmácia. Brasileira e de família com origem francesa, desde sua infância ela estudou nos colégios mais renomados da cidade de São Paulo. Em todo seu histórico escolar, nunca teve uma amiga ou amigo negro. Ao longo de sua vida, suas interações com afrodescendentes foram exclusivamente com prestadores de serviço. Na escola, estudou pouco sobre questões relacionadas ao povo afro-brasileiro, pois seus estudos foram eurocêntricos. Suas viagens, na maioria das vezes, tiveram a Europa como destino, para visitar familiares. Das vezes que viajou pelo Brasil, os lugares frequentados eram muito elitizados e, por conta da desigualdade sociorracial, não havia pessoas negras além das que trabalhavam.

Agnes é uma mulher branca brasileira que não conviveu com pessoas negras. No episódio da farmácia, depois que Dandara expressou seu incômodo, o farmacêutico, um homem branco, a acolheu e acompanhou até seu automóvel. No caminho para casa, ela seguiu sem entender o que havia ocorrido, dizendo em voz baixa para si mesma: "Não entendo! Aquela mulher ficou muito irritada, mas eu apenas pensei que ela fosse atendente da farmácia e pedi ajuda". Mas por que Agnes não entendeu Dandara?

É evidente que Agnes não teve a oportunidade de ter relações interpessoais mais profundas com pessoas negras. Além disso, sua ideia sobre afrodescendentes foi elaborada a partir de concepções estereotipadas. Estereótipos são "falsas generalizações sobre membros de determinados seguimentos sociais" (Moreira, 2020, p. 59). A esse respeito:

> O enfoque da instalação do estereótipo observa que pessoas, inicialmente, imaginam e definem o mundo e em seguida o observam. A interpretação estaria fundamentalmente associada à cultura, que determinaria de forma estereotipada a noção interna sobre o mundo externo. Assim, já haveria uma opinião formada, de acordo com os códigos da cultura, para se analisar o mundo antes mesmo de observá-lo. O mundo estaria ordenado por códigos, passados de geração a geração, favorecendo a estereotipia, que por função defenderia as tradições culturais e posições sociais (Guerra, 2002, p. 239).

A partir do trecho destacado, é possível compreender que, antes de encontrar Dandara na farmácia, Agnes já tinha uma tendência a interpretar pessoas negras com base nos estereótipos que lhes foram ensinados e reforçados continuamente ao longo de sua vida. Desse modo, ela agiu exatamente de acordo com o que foi ensinada e reproduziu a cena que seus ancestrais e os de Dandara infelizmente repetem há séculos no Brasil. Considerando os conceitos de estereótipo e estigma, é possível compreender esse evento da seguinte forma:

1. Agnes foi uma criança que teve suas lacunas de conhecimento sobre o povo negro preenchidas com informações estereotipadas e com viés racista.
2. Quando encontrou Dandara na farmácia, o estigma que pessoas negras carregam foi o gatilho para que ela ativasse suas crenças disfuncionais e racistas que a influenciaram a ter

uma interpretação estereotipada e distorcida da realidade. A distorção cognitiva de Agnes a fez pensar que todas as pessoas negras que estavam ao seu redor deveriam servi-la.

3. Essa distorção cognitiva relacionada a pessoas negras pode ser considerada um juízo que não passou pelo crivo da razão, ou seja, um preconceito racial.

4. Certa de que pessoas negras sempre estão no local para servir, Agnes praticou discriminação racial ao considerar uma pessoa negra como subalterna e solicitar que atendesse a sua demanda.

A história de Agnes nos ajuda a entender que o preconceito racial é uma interpretação distorcida da realidade que pessoas brancas podem ter ao serem influenciadas por suas crenças disfuncionais que as fazem pensar que são melhores e mais evoluídas que outras pessoas. Essas interpretações distorcidas que inferiorizam outros grupos étnico-raciais são difíceis de serem identificadas, pois socialmente não são consideradas distorções cognitivas. Do mesmo modo, também são difíceis de serem tratadas na medida em que são continuamente legitimadas por agentes sociais que operam a serviço do privilégio branco e têm como base a ideologia da supremacia racial branca.

As crenças disfuncionais que tendem ao preconceito racial podem ser ativadas quando a pessoa branca entra em contato com alguém que tenha sido estigmatizado. Nesse momento,

> um mecanismo de generalização, presente no processo de estigmatização e estereotipização, leva a reações automáticas, por questões de economia psíquica, quando a mera presença de uma característica facilmente discernível seria suficiente para desencadear um processo automático de estereotipia (Ronzani; Furtado, 2010, p. 328).

Essas reflexões contribuem para o entendimento de que algumas pessoas brancas podem ter crenças disfuncionais que "são formadas e, principalmente, mantidas pela percepção, que apresenta forte aspecto social e cria um direcionamento atencional para determinados aspectos da percepção" (Ronzani; Furtado, 2010, p. 328). Em alguns casos, terapeutas sensíveis às questões étnico-raciais podem auxiliar seus clientes que são pessoas brancas a investirem esforços para reconhecer e modificar suas crenças disfuncionais racistas, bem como perceber seu lugar privilegiado na sociedade brasileira. Essas ações dialogam com as teorias da branquitude. Concordo com Lia Vainer Schucman(2023b, p. 183) quando esta escreve: "Não há como apreender a dominação sem colocar em xeque a ideologia e o grupo que se beneficia desta: a branquitude e as pessoas brancas".

Na cena da farmácia, depois que as duas mulheres compraram seus produtos, o farmacêutico – como já mencionado, um homem branco – pediu desculpas a Agnes pelo que havia acontecido no seu estabelecimento e disse não ter entendido a razão de Dandara ter agido daquela forma. Por qual motivo o farmacêutico acolheu somente a mulher branca? Pode ter sido por conta do pacto da branquitude (Bento, 2022), que se fortalece com o apoio de iguais, que fazem comentários com objetivo de reforçar a inferioridade e a irracionalidade da pessoa negra que sofreu o racismo. É dessa forma que algumas pessoas e instituições se defendem e perpetuam seus poderes e privilégios. Diante disso, é possível que esse estabelecimento siga como um lugar contaminado pela falta de consciência racial das pessoas que trabalham e frequentam o local, e que Dandara sofra racismo novamente caso precise voltar lá. Muitos ambientes reproduzem esses mecanismos há séculos.

Uma observação importante a respeito da personagem Agnes é que neste livro ela não é tratada como uma pessoa boa ou má. A questão da branquitude está para além do binarismo (Diangelo; Bento; Amparo, 2023). O fato é que Agnes precisa entender sua localização social no Brasil; isso implica reconhecer seus poderes e privilégios e compreender como seus comportamentos impactam na vida de outras pessoas. Ela precisa assumir sua responsabilidade em lutar contra a desigualdade racial que tanto a favorece, pois, se permanecer em silêncio e sem ação, poderá ser mais uma mulher branca que contamina o ambiente ao perpetuar o racismo.

Em resumo, o preconceito racial é uma interpretação distorcida da realidade, pois "é preciso deixar evidente que não há absolutamente nada imanente nas pessoas negras ou indígenas que justifique a injustiça em que estão inseridas social e globalmente" (Schucman, 2023b). No entanto, ressalto que mesmo sendo uma distorção cognitiva tendenciada pela sociedade, cabe a cada indivíduo a responsabilidade de identificar e modificar seus erros de percepção, bem como seus comportamentos discriminatórios.

EXAME DAS CRENÇAS DISFUNCIONAIS EM CASOS DE OPRESSÕES INTERNALIZADAS

Em sessão de terapia, Dandara começou a falar de suas frustações nos relacionamentos amorosos. Disse que nenhuma pessoa se interessou verdadeiramente por ela em toda a sua vida. Como resultado de um processo colaborativo com sua terapeuta, chegou à conclusão de que suas crenças centrais estão relacionadas ao desamor, ou seja, ela acredita que nunca será amada e digna de ter alguém para ser sua companhia.

Ao analisar o histórico de Dandara, é possível identificar muitos eventos semelhantes. Certa vez, estava em uma festa e todas as suas amigas brancas foram abordadas por pessoas interessadas em conhecê-las, exceto ela. A situação se tornou um gatilho para que sua crença nuclear de desamor fosse ativada, e pensou "não sou digna de ser amada por ninguém". A crença nuclear, por sua vez, influenciou a ativação de crenças intermediárias, como "sou uma mulher negra e por isso meu destino é a solidão". Crenças intermediárias influenciaram pensamentos automáticos, como "novamente ninguém me quer nesse lugar", que influenciaram emoções como a raiva que sentiu das pessoas que estavam no local e a tristeza por se sentir feia. A estratégia comportamental que Dandara utilizou para lidar com a crença ativada foi sair da festa e ir para casa (fuga).

A recorrência de eventos como esse comprometeu a tríade cognitiva de Dandara e agora ela apresenta uma visão desesperançosa e pessimista de si, do mundo e do futuro. Com a intenção de modificar suas crenças disfuncionais, a terapeuta aplicou algumas técnicas da TCC com a finalidade de substituí-las por crenças funcionais. No entanto, as crenças disfuncionais da cliente parecem ser muito resistentes às mudanças.

Dandara acredita fortemente que, por ser uma mulher negra, seu destino é a solidão. Mas o que faz com que essa situação seja tão difícil de ser modificada? Para compreender melhor o caso, cito a seguinte observação de Judith Beck (2022, p. 305): "os clientes variam consideravelmente quanto ao grau em que são capazes de modificar suas crenças nucleares. Não é possível ou realista para alguns clientes reduzir a 0% a força de suas crenças". Assim, Dandara talvez seja uma dessas clientes cujas crenças não podem ser totalmente zeradas ou desconsideradas. No caso dela, e de outras pessoas negras com opressões internalizadas, isso ocorre por conta de fatores sociais que geram, ativam e perpetuam suas crenças disfuncionais relacionadas às questões étnico-raciais.

Para abordar os fatores que geram crenças nucleares disfuncionais, retomo o exemplo da Parte I, em que uma criança negra precisa montar um mosaico com peças fornecidas por uma pessoa que representa o ambiente com viés racista. Ocorre que todas as peças valorizam pessoas brancas ou desvalorizam pessoas negras. Sendo assim, independentemente da escolha, a criança acaba por montar um mosaico com uma imagem que inferioriza seu grupo étnico-racial e valoriza pessoas brancas. Esse exemplo mostra como o ambiente racista influencia as crianças negras quando estão desenvolvendo suas crenças nucleares.

Do ponto de vista prático, exposições frequentes a filmes protagonizados exclusivamente por figuras brancas, o silêncio das escolas quando crianças brancas chamam colegas negras de macacas, feias e sujas ou quando crianças negras brincam somente com bonecas brancas estão entre situações que passam desapercebidas, mas vão alimentando crenças nucleares disfuncionais que acabam por levar uma menina negra a se achar feia e imaginar que seu destino é a solidão. Depois que as crenças disfuncionais são estabelecidas, ocorrem variadas situações que as ativam, por exemplo, a menina negra que assistia a filmes somente com princesas brancas pode ter sua crença nuclear ativada ao perceber que, na fase adulta, trabalha em um lugar só com lideranças brancas.

Assim como existem os fatores sociais que ativam e geram crenças disfuncionais, têm aqueles que as perpetuam. Os estereótipos são exemplos de fatores que colaboram com a perpetuação, "não são meras percepções inadequadas sobre certos grupos de indivíduos. Eles possuem uma dimensão claramente política, pois são meios de legitimação de arranjos sociais excludentes" (Moreira, 2020, p. 59). Nesse sentido, é possível compreender que a perpetuação das crenças nucleares disfuncionais em pessoas negras é um dos propósitos do racismo. Era interessante para o colonizador que a pessoa escravizada acreditasse que era um animal de trabalho, internalizasse essa opressão e se comportasse de forma resignada diante do opressor.

Por que é difícil modificar crenças disfuncionais em casos de opressões internalizadas? A resposta é complexa e multifatorial, mas certamente está alinhada com a ideia de que essas crenças são geradas, ativadas e perpetuadas por um sistema racista que opera de forma estruturada justamente para oprimir e fazer com que a população negra internalize essas opressões. Esse sistema é representado por pessoas e instituições que com frequência cometem discriminação racial, voluntariamente ou não. Desse modo, para tratar as crenças disfuncionais em casos de opressões internalizadas, é extremamente necessário considerar fatores ambientais.

MANEJO CLÍNICO DAS OPRESSÕES INTERNALIZADAS

Neusa Santos Souza apresentou, de forma brilhante, estratégias para lidar com as opressões internalizadas. Vale relembrar:

> Tomar consciência do processo ideológico que, através de um discurso mítico acerca de si, engendra uma estrutura de desconhecimento que o aprisiona numa imagem alienada, na qual se reconhece. Ser negro é tomar posse dessa consciência e criar uma nova consciência que reassegure o respeito às diferenças e que realmente reafirme uma dignidade alheia a qualquer tipo de exploração (Souza, 2021, p. 115).

Uma abordagem da TCC pode compreender esse processo nas seguintes etapas:

    a. **Tomar consciência do processo ideológico:** clientes precisam compreender que no Brasil, desde o início, a ideologia da supremacia racial branca interfere no modo como as pessoas interpretam e lidam com a realidade. De modo geral, essas interferências tendem a garantir a manutenção do poder e privilégio de pessoas brancas e a inferiorização de pessoas negras.

b. **Um discurso mítico acerca de si:** a ideia da supremacia racial branca é disseminada ampla e sistematicamente no ambiente. Entre seus objetivos está monopolizar discursos para dominar as interpretações da realidade. A criança negra, desde os primeiros anos de vida, é exposta a essas ideias que influenciam no desenvolvimento de crenças nucleares disfuncionais com conteúdos relacionados à inferiorização, subalternidade e defectividade. Ao longo da vida, seguem expostas a agentes que ativam e perpetuam essas crenças. O resultado é a elaboração induzida de um discurso mítico acerca de si que resulta de uma identidade formada a partir do ponto de vista do outro. Ou seja, a visão que a pessoa negra tem de si é formada a partir de mitos e interpretações distorcidas que fizeram dela.

c. **Uma estrutura de desconhecimento que o aprisiona em uma imagem alienada, na qual se reconhece:** o racismo é um sistema de opressão que controla as intepretações da realidade e pode fazer com que a pessoa negra desconheça quem de fato é e internalize visões alienadas sobre ela mesma. O aprisionamento nessa condição pode ocorrer por conta de interpretações distorcidas que ela faz de si e que são mediadas pelas interpretações distorcidas que fizeram e fazem dela. Um fator agravante é que as distorções sobre pessoas negras são ideologicamente dominantes, por isso parecem ser tão reais e se apresentam resistentes e difíceis de serem contestadas.

d. **Ser negro é tomar posse dessa consciência e criar uma nova:** em diálogo com as ideias da psicologia decolonial apresentadas na Parte II deste livro, afirmo que a tomada de consciência de uma pessoa negra passa pela compreensão de mecanismos sociais que a desumanizam e oprimem. Consciente desses mecanismos, é possível enfrentá-los para modificar crenças disfuncionais e interpretar a realidade a partir de ideias decoloniais, antirracistas e afrocentradas. A consciência de ser um sujeito dentro de uma história e de uma sociedade, bem como as delimitações que lhes foram impostas e os pontos frágeis dessas imposições possibilitam a movimentação social, o protagonismo e a libertação das senzalas ideológicas que nunca deixaram de existir.

Como a TCC pode contribuir para executar essa estratégia no *setting* clínico? O processo pode ser feito considerando duas ações interdependentes: auxiliar clientes a lidar com as interpretações distorcidas que fazem de si mesmos e com as que são feitas por terceiros. E por qual motivo as duas ações são interdependentes e necessárias? Para explicar, apresentarei outro exemplo: Ayo é um jovem negro que está em busca de trabalho, porém está com muita dificuldade para se inserir no mercado. Então procura Tenório, um homem branco, terapeuta TCC, estudioso e acolhedor, mas sem informações a respeito de questões étnico-raciais. Diante das demandas do cliente, o terapeuta realiza a intervenção apresentada no quadro 9.3 a seguir.

Quadro 9.3 – Exemplo de intervenção ineficaz da TCC para questões étnico-raciais
Queixa: Ayo e seus amigos participaram de três processos seletivos. Seus colegas brancos foram aprovados em pelo menos uma vaga, mas ele não recebeu nenhuma aprovação e acredita que as empresas não o contratam por ser negro.
Identificação de crenças disfuncionais: "Empresas brasileiras não acreditam em pessoas negras", "As pessoas querem me ver trabalhando em cargos baixos e ganhando pouco", "Todos olham para mim e pensam que estou no local apenas para servir".

(cont.)

> **Quadro 9.3 – Exemplo de intervenção ineficaz da TCC para questões étnico-raciais**
>
> **Intervenção para modificar as crenças disfuncionais:** o terapeuta apresentou uma lista de distorções cognitivas e identificou no paciente a supergeneralização, na qual uma pessoa "toma casos negativos isolados e os generaliza, tornando-os um padrão interminável, com o uso repetido de palavras como 'sempre', 'nunca', 'todo', 'inteiro' etc." (Matos; Oliveira, 2014, p. 517).
> O terapeuta fez perguntas para questionar a distorção cognitiva e interveio para modificar crenças disfuncionais de desvalia e desamparo.
>
> **Modificação da crença disfuncional:** após a intervenção, o cliente começou a acreditar que sua visão estava distorcida em relação às empresas brasileiras. No entanto, seguiu sem emprego e com crenças disfuncionais de desamparo e desvalia ativadas. Ayo agora acredita que os problemas não estão nas empresas, mas sim nele mesmo.

Nesse caso, Tenório realizou uma intervenção baseada em TCC padrão. Identificou crenças disfuncionais e realizou procedimentos para modificá-las com o objetivo de desenvolver crenças e comportamentos funcionais. Entretanto, o resultado até o momento do tratamento não parece satisfatório. A ineficácia da intervenção pode ter sido devido à desconsideração de informações clinicamente relevantes, como o fato de que o Brasil é um país racista, onde pessoas negras infelizmente têm dificuldades para conseguir um emprego.

Quando o terapeuta considerou a difícil empregabilidade de afro-brasileiros como uma interpretação distorcida a ser corrigida, ele fez com que Ayo não compreendesse que a visão dele era realista e as empresas que não o contrataram é que tinham visões distorcidas sobre as pessoas negras. Se Tenório não considerar o racismo em suas intervenções, pode colaborar para que seu paciente fique preso em um ciclo de buscas constantes de crenças disfuncionais e interpretações distorcidas de si mesmo, e tente corrigi-las para se adaptar a uma realidade que às vezes é inadaptável e inaceitável. Esse processo pode incentivar o jovem negro a querer se comportar como uma pessoa branca para se adaptar a uma sociedade racista, o que pode lhe gerar cada vez mais prejuízos.

Em resumo, as interpretações distorcidas que as pessoas negras fazem de si mesmas podem ser influenciadas por interpretações distorcidas que os outros fazem delas. Desse modo, tratar apenas das primeiras é como tirar um peixe de um aquário sujo, limpá-lo e colocá-lo outra vez na sujeira. O resultado disso é que, em instantes, o peixe estará sujo novamente. Em alguns casos, quem precisa passar por uma reestrutura é a sociedade, e não as crenças das pessoas negras.

Judith Beck demonstrou bastante preocupação com dificuldades que terapeutas da TCC pudessem vir a encontrar no atendimento de pessoas negras e de outros grupos minorizados. Justamente por conta disso acrescentou o princípio número quatro na abordagem, para alertar que as intervenções precisam se atentar às questões culturais e étnico-raciais (Beck, 2022). A Parte II deste livro traz contribuições de como os profissionais da clínica podem lidar com esse tipo de situação. São exemplos: a análise clínica aprofundada dos fatores ambientais proposta na TCC culturalmente responsiva (Hays; Iwamasa, 2013) e o raciocínio dialético, que, conforme Ferreira *et al.* (2022), é a capacidade de, em caso de duas visões de mundo que sejam concorrentes – e às vezes excludentes –, considerar como válida e confiável a visão de mundo do cliente, mesmo que esta seja diferente da visão do psicoterapeuta.

Agora podemos pensar em como trabalhar a segunda ação, que consiste em lidar com as interpretações distorcidas de terceiros. Considerando o caso de Ayo, é possível imaginar que terapeutas TCC sensíveis às questões étnico-raciais poderiam fazer intervenções com mais chances de resultados satisfatórios. A começar pelo uso de crenças adaptativas, que são aquelas que podem servir como pressupostos que auxiliam uma interpretação realista das situações e favorecem a elaboração de estratégias funcionais (Beck, 2022).

No caso do jovem negro em busca de emprego, uma crença adaptativa poderia ser: "É verdade que no Brasil existe racismo e isso dificulta minha recolocação profissional". Ao adotar essa crença, o paciente poderia se sentir validado em vez de contestado sobre suas percepções a respeito do mercado. Isso poderia favorecer sua regulação emocional e auxiliar para que compreendesse que sua interpretação da situação não está distorcida, que o racismo de fato existe no Brasil e que uma estratégia funcional seria tratá-lo de forma estruturada e intencional. Ou seja, quem sofre racismo é vítima, e quem comete racismo é que está equivocado e tem uma visão distorcida da realidade que precisa ser questionada.

Ao se sentir validado, Ayo poderia agir de forma mais funcional em sua próxima entrevista de emprego, identificar os possíveis códigos sociais involuntários que constam em seu currículo e que aparecem em seu discurso e em suas roupas, e compreender também as respostas dadas a esses códigos. Com consciência disso, poderia escolher códigos sociais voluntários para transmitir informações com o intuito de atingir seus objetivos de denunciar o racismo, comprovar sua capacidade de ocupar o cargo e explicar melhor informações mal compreendidas. E, no caso de não obter sucesso na entrevista, ele teria menos chances de se culpabilizar e mais de focar a busca por alternativas para se preparar melhor para uma próxima oportunidade, ao mesmo tempo em que luta contra o racismo.

Ainda sobre o manejo clínico em casos de racismo, gostaria de fazer um alerta importante para terapeutas. A ineficiência na conduta de Tenório pode ser mais comum do que imaginamos. Retomo um pouco da história da TCC para apresentar essa reflexão. Aaron Beck iniciou os estudos que culminaram na terapia nas décadas de 1960 e 1970, quando era psicanalista certificado e atuava como psiquiatra na Universidade da Pensilvânia, com pesquisas voltadas ao tratamento da depressão. A proposta inicial era comprovar cientificamente a hipótese psicanalítica de que "a depressão é resultante da hostilidade voltada a si mesmo" (Beck, 2022, p. 6). No entanto, durante sua análise, "descobriu que os sonhos de clientes psiquiátricos deprimidos continham menos temas de hostilidade e muito mais relacionados a fracasso, privação e perda" (Beck, 2022, p. 6). Assim, Beck levantou uma nova hipótese, que consistia na ideia de que a depressão não era ocasionada por conteúdos inconscientes que alimentavam a hostilidade voltada a si mesmo, mas por crenças disfuncionais com temas de fracasso, privação e perda. Tais crenças estavam relacionadas com emoções negativas e outros sintomas da depressão:

> Baseado em pesquisa sistemática e observações clínicas, Beck propôs que os sintomas de depressão poderiam ser explicados em termos cognitivos como interpretações tendenciosas das situações, atribuídas à ativação de representações negativas de si mesmo, do mundo pessoal e do futuro (a tríade cognitiva) (Knapp; Beck, 2008, p. 56).

Ou seja, Beck iniciou sua pesquisa tentando comprovar que a depressão era ocasionada por conteúdo inconsciente e, no desenvolvimento de seu trabalho, formulou a hipótese de que ela ocorre quando o cliente apresenta crenças disfuncionais que o levam a realizar interpretações distorcidas e negativas de si mesmo, do mundo e do futuro (tríade cognitiva). Essa conclusão o influenciou a desenvolver o já mencionado princípio fundamental da TCC, segundo o qual, "a maneira como os indivíduos percebem e processam a realidade influenciará a maneira como eles se sentem e se comportam" (Knapp; Beck, 2008, p. 57).

Essa breve retomada da história da TCC e o princípio fundamental que a norteia demonstra a importância de investigar como a maneira que as pessoas interpretam a realidade influencia seus pensamentos e emoções. No entanto vimos que, ao tratar de questões étnico-raciais, é preciso considerar também as distorções cognitivas feitas por terceiros. Essa segunda ação não é óbvia, principalmente por conta do princípio da TCC indicar algo que pode parecer contrário quando, na verdade, é complementar. Ou seja, uma pessoa negra terá crenças disfuncionais com diferentes origens e temas, e muitas delas deverão ser identificadas e modificadas. Mas, em casos de racismo, é prudente considerar que algumas crenças podem não ser disfuncionais e tendem a ser geradas, ativadas e mantidas por fatores sociais que precisam ser avaliados.

AFROCENTRAMENTO

Até o momento, apresentei reflexões sobre o manejo clínico de estigmas, códigos sociais, crenças disfuncionais e opressões internalizadas. Todos esses procedimentos são altamente relevantes na clínica sensível às questões étnico-raciais por serem capazes de auxiliar na identificação e no tratamento de angústias e sofrimentos das pessoas negras. Entretanto acredito que, para além de remitir sintomas, aliviar sofrimentos e lutar contra injustiças sociais, a psicologia – de modo geral e sempre que possível – deve ajudar as pessoas a serem mais felizes. Em consonância com a psicologia positiva de Martin Seligman (2009), não me refiro àquela felicidade rasa que às vezes é prometida em anúncios publicitários, mas à autêntica, que resulta de um processo de autoconhecimento profundo, escolhas responsáveis e corajosas, conexões com valores e o exercício de forças pessoais. Aquela felicidade que eu já ouvi muita gente cantar nas rodas de samba!

Ressalto que as teorias críticas, decoloniais e antirracistas libertam e nos livram das senzalas, e o afrocentramento pode favorecer uma vida com mais sentido, uma reconexão com as raízes e com os saberes ancestrais. Sendo assim, dedico as próximas linhas deste livro para discorrer sobre as contribuições da psicologia afrocentrada para o manejo clínico das repercussões do racismo e para a busca de uma vida em que seja possível desfrutar momentos felizes, artísticos e criativos.

Já escrevi anteriormente que aprendi com *sankofa* a metodologia de retomar o passado para aprender maneiras de transformar o presente e construir um futuro melhor para as próximas gerações. A pergunta a ser feita é: quando a felicidade autêntica se tornou algo mais difícil para o povo negro? Wade Nobles (2009) apresenta a metáfora do descarrilamento para explicar que pessoas africanas viviam com suas vidas nos trilhos, como um trem com destino certo, mas o processo de escravidão as descarrilou. Desde então, a vida do povo negro no continente africano e na diáspora jamais foi a mesma. Muitos de nós passamos por navios negreiros, senzalas, presídios, manicômios e tivemos nossas necessidades básicas negligenciadas devido à vulnerabilidade social. No entanto, esse lugar dolorido e desprivilegiado não deve ser considerado nosso local de origem ou destino. O que nos cabe no momento é revisitar nossa história e realinhar nosso trem em trilhos que possam nos levar para uma vida com muito mais sentido.

Ocorre que voltar nossa vida para os trilhos não é algo trivial, pois temos que lidar com os problemas gerados pelo que Njeri (2019) e Sousa (2021) denominam deslocamento do eixo civilizatório. Esse termo se refere ao fato de que africanos e africanas viviam na África-mãe imersos e enraizados em suas culturas milenares. Alguns eram reis, rainhas, artistas, caçadores, artesãos e líderes religiosos. No entanto, em certo momento, foram capturados e deslocados para outra cultura. Esse deslocamento desenraizou, desconectou essas pessoas das realidades que elas conheciam e as colocou em uma realidade diaspórica completamente estranha e desfavorável.

Para analisar essa situação sob a luz da TCC, volto a citar que "a maneira como os indivíduos percebem e processam a realidade influenciará a maneira como eles se sentem e se comportam" (Knapp; Beck, 2008, p. 57). Pensando dessa forma, o que pode ocorrer se tudo aquilo que uma pessoa entende como realidade de repente desaparecer completamente? Nesse novo e estranho cenário imposto aos negros deslocados, as crenças tendiam a ser disfuncionais e desadaptativas, na medida em que a interpretação da realidade fora brutalmente afetada.

Como expus na Parte I, a chegada do povo negro ao Brasil desencadeou diversos problemas de saúde mental nessa população e em seus descendentes. Essa primeira ferida que se abriu, como vimos, foi batizada de *banzo*. E, como descrito por Clóvis Moura (2004), os que sofriam desse estado de depressão psicológica caracterizada por nostalgia profunda normalmente acabavam morrendo. Ou seja, o deslocamento do eixo civilizatório tinha potencial para desmantelar sentidos, sonhos, esperanças, histórias, raízes e, por isso, pessoas escravizadas eram acometidas por uma espécie de depressão grave que muitas vezes terminava com o suicídio.

Este é um bom momento para refletir sobre o que esse breve "sankofar" que apresentamos tem para nos ensinar. Ao revisitar a história do povo negro no Brasil e relembrar o descarrilamento, o deslocamento do eixo civilizatório e o *banzo*, vemos que as pessoas negras nos dias de hoje e seus ancestrais escravizados têm problemas estruturalmente semelhantes – como podemos notar por comparações entre o passado e o presente de pessoas pretas brasileiras.

Em primeiro lugar, cito a estigmatização que era materializada na pele das pessoas escravizadas com ferro incandescente. Atualmente, mesmo sem a marcação a ferro, pretos e pretas seguem estigmatizados: hoje, as marcas são representadas pelos traços fenotípicos e, quanto mais traços negroides a pessoa tiver, mais marcada ela é. Depois, os códigos sociais involuntários, já que tanto pessoas escravizadas como pessoas negras da atualidade muitas vezes são lidas como subalternas que estariam sempre à disposição para atender a demandas de terceiros.

Entre as pessoas negras do século XXI e seus ancestrais existem semelhanças também na dificuldade em modificar as crenças disfuncionais. É plausível pensar que uma pessoa escravizada tinha muita dificuldade em modificar suas crenças disfuncionais, as quais poderiam influenciá-la a ter uma visão distorcida e inferiorizada de si mesma. A dificuldade estaria justamente no fato de que mecanismos sociais operavam para gerar, ativar e perpetuar essas crenças. Nesse caso, o indivíduo teria condições de tratá-las somente se uma crença adaptativa o fizesse concluir que o regime de escravidão que era falho, não ele. A saída então seria compreender que as interpretações distorcidas que faziam dele é que influenciavam as suas próprias interpretações e quem se equivocava era o colonizador. Diante disso, uma estratégia funcional seria lutar contra o opressor e, ao vencê-lo, partir em busca de um quilombo.

As mesmas questões e possibilidades de soluções são percebidas em duas Dandaras, a personagem deste livro e Dandara dos Palmares, uma heroína que, "no século XVII, liderou homens e mulheres em vários conflitos contra as forças enviadas pelas autoridades coloniais, em defesa de Palmares, e transformou-se em ícone da liberdade e do combate à escravidão" (Caetano; Castro, 2020, p. 160).

Ao considerar as semelhanças entre as experiências das pessoas negras da atualidade e seus ancestrais, conforme Quijano (2005), fica mais uma vez evidente que as questões étnico-raciais da colonialidade reproduzem as questões do colonialismo. A esse respeito, é possível pensar que, se *maafa* (o desastre da escravidão) está presente, *asili* (a chama ancestral que nunca se apaga) também está. Assim, a reconexão com ancestrais nos sintoniza com as dores, mas também com as forças da comunidade. Esse tipo de aprofundamento nas questões étnico-raciais é característico da psicologia afrocentrada, pois ela "é um tipo de pensamento, prática e perspectiva que percebe os africanos como sujeitos e agentes de fenômenos atuando sobre sua própria imagem cultural e de acordo com seus próprios interesses humanos" (Asante, 2009, p. 93).

Acredito ser tão importante o manejo clínico com pessoas negras, independente da abordagem psicoterápica adotada, considerar perspectivas afrocentradas por seu potencial de auxiliar o paciente a se conectar com seus valores, afetos e outras forças muito potentes. Mas como o afrocentramento pode contribuir com a felicidade, a saúde mental e a vida com mais sentido? Dou início à resposta com outra pergunta: como as pessoas negras sobreviveram quase quatrocentos anos nas senzalas e conseguiram manter forte sua cultura a ponto de hoje ela seguir fortalecida e influente em território nacional?

Uma perspectiva afrocentrada possibilita compreender que, durante a escravidão, o povo negro se manteve conectado com sua ancestralidade, tanto para preservar conhecimentos milenares como para desenvolver novos. A capoeira, por exemplo, é um valoroso repositório de conhecimentos sobre as artes marciais africanas. Do mesmo modo, a mitologia dos orixás é uma imensurável fonte de conhecimento sobre a natureza, a mente humana e a vida em coletivo. Já o samba guarda com graça e delicadeza toda a história do povo negro brasileiro desde as primeiras décadas do século XX. E existem outros repositórios de saberes afro-brasileiros: a culinária, as roupas, outros estilos musicais, o teatro negro e muito mais.

Para apresentar outro exemplo de como o acesso a repositório de saberes afro-brasileiros pode proporcionar grandes aprendizados, cito o trabalho de Carla Akotirene. Em livro que se tornou obra referencial no Brasil, a autora recorre a Exu para tratar do tema da interseccionalidade:

> Segundo a profecia iorubá, a diáspora negra deve buscar caminhos discursivos com atenção aos acordos estabelecidos com antepassados. Aqui, ao consultar quem me é devido, Exu, divindade africana da comunicação, senhor da encruzilhada e, portanto, da interseccionalidade, que responde como a voz sabedora de quanto tempo a língua escravizada esteve amordaçada politicamente, impedida de tocar seu idioma, beber da própria fonte epistêmica cruzada de mente-espírito (Akotirene, 2019, p. 20).

Para seguir com os benefícios do afrocentramento para o manejo clínico, retomo mais uma vez questões importantes da TCC. Anteriormente, apresentei a ideia de que as crenças disfuncionais relacionadas a questões étnico-raciais são difíceis de serem modificadas por sofrerem influências de fatores sociais que as mantêm. Nesse sentido, apresentei também o argumento de que crenças adaptativas como "sim, existe racismo no Brasil" podem viabilizar intervenções terapêuticas que obtenham resultados satisfatórios, por tratarem simultaneamente as crenças disfuncionais de pessoas negras e de terceiros que as afetam.

A partir dessas reflexões, é possível compreender a importância das crenças adaptativas e, justamente pelo poder que elas têm para as pessoas negras, perceber que o sistema racista dificulta seu desenvolvimento. Na Parte I, expus como o mito negro opera de maneira que dificulta a valorização, o empoderamento e a felicidade da população negra. Diante disso, temos a seguinte pergunta: como uma pessoa negra pode superar os mecanismos sociais racistas que a oprimem e ter condições de desenvolver crenças adaptativas que contribuam para que ela seja feliz? Minha resposta está relacionada ao samba e vou explicar em detalhes o motivo.

Desde os primeiros dias de vida, as crianças negras brasileiras experienciam situações que as inclinam a desenvolver crenças de que são inferiores às pessoas brancas. O parto de uma criança negra brasileira muito provavelmente será feito por uma equipe médica branca; depois vêm as bonecas brancas, os filmes com princesas brancas, as piadas racistas na escola, a faculdade com conteúdos eurocêntricos, questionamentos sobre suas capacidades no trabalho, abordagens inadequadas pela polícia. Não acredito que todas as pessoas pretas passem por todas essas situações, mas considero que seja comum que experienciem pelo menos uma delas durante a vida. Quando uma pessoa negra entra em um processo terapêutico, é importante inicialmente que ela possa desenvolver uma postura crítica, decolonial e antirracista. Esse caminho poderá torná-la mais consciente de sua localização social, dos mecanismos que a oprimem e como superá-los para ter mais mobilidade social – o que significa circular onde quiser, ser e fazer o que quiser. Mas será que isso é o suficiente para ser feliz?

Vamos de história... Imagine duas pessoas negras libertas: uma vive na época do colonialismo e se livrou das senzalas e a outra vive na colonialidade e se livrou das instituições racistas contemporâneas. Elas têm pelo menos duas opções. Podem reconstruir suas vidas sozinhas e assim desenvolver novos hábitos, culinárias, formas de ver e viver a vida, o que pode ser muito bom. Ou podem procurar um quilombo, seja ele semelhante a Palmares ou aos espaços atuais em que a cultura negra segue preservada. Neste caso, terão acesso aos repositórios de saberes afro-brasileiros, ou seja, terão à sua disposição todo conhecimento milenar de seus ancestrais, entre eles, um número incontável de estratégias para lidar com a discriminação racial, diferentes formas de pentear o cabelo, uma variedade de roupas estilosas, comidas saborosas, exemplos de pessoas negras com feitos brilhantes e, principalmente, modelos, referências e caminhos para ter uma vida mais feliz.

O que é possível compreender com essa história? Na perspectiva da TCC, o acesso a repositórios de saberes afro-brasileiros coloca à disposição um repertório milenar de modelos funcionais que podem auxiliar no desenvolvimento de crenças adaptativas. Uma pessoa negra poderia demorar muitos anos para descobrir qual a melhor forma de cuidar do cabelo crespo, mas, se ela estiver em um quilombo, terá acesso aos melhores produtos e técnicas para fazê-lo e poderá conhecer pessoas com diferentes penteados nos quais poderá se inspirar. Mas e o samba? Bem, eu não acredito que o samba seja a solução para todas as pessoas negras, mas ele é, sem dúvida, um repositório de saberes afro-brasileiros e, assim como as religiões de matriz africana, a capoeira e a dança, pode oferecer modelos funcionais e adaptativos que raramente serão encontrados em espaços eurocêntricos, como muitas escolas e empresas brasileiras.

Retomo o trecho da Parte I, em que afirmo: por mais que eu tenha recebido informações racistas que poderiam me influenciar a desenvolver crenças disfuncionais, o samba foi um fator protetivo para mim. Em primeira instância, foi poderosa defesa contra os ataques violentos da ideologia da supremacia racial branca que poderiam ter devastado minha autoestima e me tirado a capacidade de sonhar em, por exemplo, escrever este livro. No entanto, mais do que isso, ele me apresentou figuras como o Zé do Caroço, que me inspirou a ser um escritor e palestrante com coragem de me posicionar em defesa do meu povo. Assim, o samba me protegeu e me fortaleceu com modelos de como eu poderia ser. E quem me deixou essa herança musical de valor inestimável foi o meu pai, Nelson Oliveira Santos. Nos momentos mais difíceis da minha vida, eu sempre cantei baixinho para mim mesmo: "o show tem que continuar". Meu pai fez isso muitas vezes durante a vida dele, e já ensinei essa música para meu filho.

É importante ressaltar que o samba e os demais que mencionei são somente alguns dos repositórios de saberes afro-brasileiros.

Existem outros com sabedorias de matrizes africanas no Brasil e no mundo. Uma pessoa negra em terapia que decide buscar um repositório pode recorrer à cultura negra produzida na África e na diáspora, pois todas elas carregam *asili*. É possível se reconectar com a ancestralidade em um bar de *jazz* em Chicago, dançando salsa em Havana, estudando a simbologia adinkra em Acra, sentindo as vibrações positivas do *reggae* em Kingston ou cantando ao lado da família em uma roda de samba no Rio de Janeiro. Talvez, para algumas pessoas, seja difícil entender que essas experiências são terapêuticas e valorosas fontes de saber por acreditarem que apenas estudos científicos e acadêmicos são válidos. Mas, na perspectiva afrocentrada, o conhecimento está em todo lugar.

E a felicidade? A felicidade, funcionalidade e adaptabilidade resultam de um processo bastante árduo, complexo e longo. No entanto, para a psicologia afrocentrada, existe uma crença adaptativa que pode ser considerada a mais importante de todas e que, ao ser respeitada, tem potencial para colocar a vida das pessoas e da comunidade no trilho certo, portanto no caminho da felicidade. Retomo o que já expus na Parte II, sobre a crença que consiste em prezar primordialmente pela sobrevivência da tribo e a unidade com a natureza. Essa crença é seminal, fundante e base para valores, princípios e comportamentos de afrodescendentes de todos os tempos. A meu ver, ela deve orientar qualquer estudo de qualquer área do saber que se assuma afrocentrado.

Para Simone Gibran Nogueira, prezar pela sobrevivência da tribo e pela unicidade com a natureza são noções que

> refletem-se e caracterizam de forma particular as relações entre religião e filosofia; a noção de unicidade, o conceito de tempo; o entendimento sobre a morte e a imortalidade; as relações de parentesco ou unidade coletiva (Nogueira, 2020, p. 83).

A crença primordial fundamenta a psicologia afrocentrada que, por sua vez, tem um viés mutualista e coletivo. Leitores com interesse em se aprofundar no tema podem recorrer à obra *Libertação, descolonização e africanização da psicologia: breve introdução à psicologia africana* (Nogueira, 2020).

Em resumo, a TCC culturalmente sensível quando embasada em teorias críticas, decoloniais e antirracistas tem recursos para libertar as pessoas negras das garras da ideologia da supremacia racial branca. No entanto, o indivíduo, quando liberto, precisa continuar sua jornada para chegar a um quilombo. A psicologia afrocentrada pode ser esse lugar de fortalecimento da rede de afetos, em que é possível acessar repositórios de saberes de matrizes africanas e tornar-se alguém talvez nunca sonhado se estivesse em uma jornada solitária. Em termos mais técnicos, a psicologia afrocentrada contribui com alternativas para que a pessoa negra acesse um repositório de saberes que lhe ofereça modelos de crenças adaptativas, estratégias para resolução de problemas e outros padrões de comportamentos funcionais.

NEGRITUDE

Outra discussão importante para a TCC sensível às questões étnico-raciais é o manejo clínico da negritude. Retomando o que apresentei na Parte I, é importante ressaltar que ser negro não significa somente ter a pele escura, usar cabelo black power e gostar de pagode. "A negritude e/ou identidade negra não nasce do simples fato de tomar consciência da diferença de pigmentação (da pele) entre brancos e negros ou negros e amarelos" (Munanga, 2020, p. 19). Como nos ensinou Neusa Santos Souza (2021), tornar-se negro é um processo profundo e complexo em que a pessoa toma consciência do lugar social em que a colocaram, bem como do lugar que ela quer ocupar e investir esforços para estar. Essa jornada implica em entender como a negritude afeta cada pessoa.

Klara é uma mulher com traços fenotípicos da raça branca. No entanto, seu irmão, Nagô, e sua mãe, Shena, são pessoas retintas com traços negroides, ou seja, facilmente reconhecidas por terceiros como negras. Já seu pai, Arnaldo, é um homem branco. Sendo assim, Klara é uma mulher branca que provavelmente levará sua negritude para um processo psicoterápico, pois, sendo de uma família inter-racial, existem grandes chances de o racismo impactá-la de modo estrutural, institucional ou até mesmo individual. Muitas vezes disseram a ela frases como: "Nossa, você é uma menina branca tão linda. Essa mulher negra é mesmo a sua mãe?". Também já foi questionada se Shena era sua babá. Nesse caso, uma mulher com traços fenotípicos da raça branca e de família afrodescendente sofre racismo, não na mesma proporção que pessoas percebidas como negras. Para Klara, isso pode gerar bastante sofrimento.

Sendo assim, na clínica sensível às questões étnico-raciais, o manejo clínico da negritude exige a análise de múltiplos fatores e, como expus anteriormente, passa a contestar a heteroidentidade coletiva negra e fortalecer a autoidentidade a fim de interferir no conjunto de representações sociais e obter subsídios para a construção de uma verdadeira identidade negra (Munanga, 2012). Em diálogo com a TCC é possível traduzir esse processo em dois movimentos. No primeiro, a pessoa negra precisa tomar consciência de estigmas, códigos sociais involuntários e mecanismos sociais racistas que geram, ativam e perpetuam suas crenças disfuncionais e opressões internalizadas, que acabam por resultar em um destino social de inferioridade e subalternidade. No segundo momento, a pessoa utiliza crenças adaptativas, códigos voluntários e recursos provindos de repositórios de saberes afro-brasileiros para superar o racismo e se movimentar socialmente de acordo com seus desejos e necessidades.

Mas, como esse manejo da negritude pode contribuir para a libertação das garras opressoras e a caminhada em direção aos quilombos? Para Kabengele Munanga (2020, p. 51), a negritude é uma "operação de desintoxicação semântica e de constituição de um novo lugar de inteligibilidade da relação consigo, com os outros e com o mundo". Essa desintoxicação começa com a palavra "negro", que deve ser "despojada de tudo que carregou no passado, como desprezo, transformando esse último em uma fonte de orgulho para o negro" (Munanga, 2020, p. 50). Em termos práticos, é importante que terapeutas da TCC identifiquem diferentes concepções da negritude que o paciente possa experienciar. A partir disso, poderão realizar intervenções respeitando as características específicas desses estágios e monitorando a evolução desse processo. A seguir, apresento algumas concepções da negritude segundo Munanga (2020):

a. **Negritude essencial:** é o nascer para a negritude. O momento em que a pessoa se descobre negra e decide intencionalmente ocupar essa posição na sociedade.

b. **Negritude dolorosa:** quando a pessoa negra compreende verdadeiramente o que ocorreu no período da escravidão com seus ancestrais e ainda ocorre com irmãos e irmãs maltratados na atualidade. Nesse momento, ela pode sentir angústia e dor. Em alguns casos, pretos e pretas sentem também muito medo de perder cultura e alma no contato com a sociedade eurocêntrica e suas técnicas.

c. **Negritude raivosa:** é uma fase de revolta e negação da ideologia da supremacia racial branca, do deus branco e dos padrões e costumes eurocêntricos. Reivindica-se urgentemente o suprimento das próprias necessidades, justiça social e reparação dos danos.

d. **Negritude serena:** sem subordinação ao racismo, tem a intenção construtiva de reconciliação com a sociedade.

Pode manifestar o desejo de ascender a uma cultura universal que respeite todos os povos. Proclama constantemente sua negritude, que se torna evidente nas condutas e nos hábitos, e se manifesta sólida e tranquila.

e. **Negritude vitoriosa:** o indivíduo se sente forte para lutar contra o racismo, cuida e recebe cuidados de sua comunidade, experimenta o bem-estar, o amor e busca uma sociedade melhor para todas as pessoas.

Para finalizar as considerações sobre o manejo clínico da negritude, ressalto que não tenho a intenção de esgotar o tema, mas sim de apresentar exemplos de concepções de negritude para sinalizar a importância de as intervenções clínicas sensíveis às questões étnico-raciais se atentarem a esse processo de desintoxicação. Isso pode auxiliar pessoas negras a se posicionarem melhor na sociedade e trilharem uma jornada com destino a "assumir plenamente, com orgulho, a condição de negro, em dizer, de cabeça erguida: sou negro" (Munanga, 2020, p. 50).

INTERSECCIONALIDADE

Jorge chega à sessão com dr. Baba e diz: "Baba, eu não sei mais o que fazer. Eu me sinto atacado por todos os lados. Eu já te contei que a polícia me aborda de forma violenta com frequência e, quando isso acontece, eu fico muitos dias com insônia e em alerta com tudo. Quando estou assim, a única atividade que me acalma é o futebol, mas, depois que souberam que sou gay, o pessoal do time vive fazendo piadas idiotas durante o jogo e no vestiário, e isso me irrita profundamente. No trabalho, as coisas também não andam muito bem. Meu chefe é extremamente preconceituoso com minha religião e vive me chamando de macumbeiro, fala que tem medo de mim e que Deus vai me punir por ter uma religião de matriz africana. O único lugar onde ninguém me importuna é na faculdade, mas o problema é que, lá, as pessoas são muito ricas, eu não tenho dinheiro para acompanhá-las nos lugares".

Os estudos sobre interseccionalidade podem auxiliar nas múltiplas demandas apresentadas por Jorge. Segundo Carla Akotirene (2019), esse conceito é fruto de pesquisas do movimento feminista e se popularizou com os trabalhos da intelectual estadunidense Kimberlé Crenshaw. A interseção pode ser compreendida como o cruzamento das avenidas identitárias, ou seja, a interação de diferentes categorias sociais de uma pessoa, como raça, classe, gênero, religião e orientação sexual. A autora explica que, ao analisar o cruzamento das categorias de indivíduos que se identificam como membros de grupos minorizados, geralmente é possível perceber que eles sofrem influência de um sistema de opressão interligado que, por sua vez, opera a favor de pessoas com características dominantes, como gênero masculino, raça branca, heterossexualidade, religiões cristãs e classe alta.

O objetivo dessa operação social é inferiorizar e subordinar pessoas diferentes do grupo que monopoliza o poder. O discurso de Jorge traz elementos que tornam possível relacionar as características dele com as opressões sociais que sofre. A questão racial está relacionada às abordagens policiais violentas sofridas; sua orientação sexual às piadas homofóbicas no futebol; a religião de matriz africana à intolerância religiosa no trabalho; e sua classe social à falta de recursos para frequentar os mesmos lugares que colegas da faculdade. Na clínica sensível às questões étnico-raciais, o conceito de interseccionalidade é altamente relevante, pois:

> Como ferramenta analítica a interseccionalidade considera que as categorias de raça, classe, gênero, orientação sexual, nacionalidade, capacidade, etnia e faixa etária – entre outras – são inter-relacionadas

> e moldam-se mutuamente. A interseccionalidade é uma forma de entender e explicar a complexidade do mundo, das pessoas e das experiências humanas (Collins; Bilge, 2021, p. 16).

A pesquisadora Conceição Nogueira em seu livro *Interseccionalidade e psicologia feminista* (2017) traz valiosas contribuições sobre o tema da interseccionalidade para o campo da psicologia, fundamentais para a prática clínica sensível às questões étnico-raciais. O primeiro ponto é que "a teoria interseccional implica em um grau tão elevado de complexidade que poderia anular qualquer possibilidade de pesquisa e com isso a possibilidade de intervenção social, se não se adotasse uma postura plural e inclusiva" (Nogueira, 2017, p. 166). A autora alerta para o fato de que existem pesquisadores que apresentam teorias complexas sobre a temática e criticam de modo improdutivo pesquisas de seus colegas que abordam a questão de forma pragmática e mais simples, como é o caso da TCC. Dessa forma, o objetivo das intervenções clínicas é auxiliar os clientes a lidarem com as demandas que levam para as sessões. As questões interseccionais nessa abordagem podem ser trabalhadas com exercícios, ferramentas e estratégias que busquem elucidar "experiências das pessoas que estão sujeitas a múltiplas formas de subordinação dentro da sociedade" (Nogueira, 2017, p. 141).

Outra reflexão importante que a autora apresenta é o fato de que as relações interseccionais são multiplicativas e não aditivas. Nesse sentido, o todo é muito mais do que a soma das partes, pois "todas as facetas da identidade são partes integrais inter-relacionadas de um todo complexo, sinergético e infundido que torna tudo completamente diferente quando as partes são ignoradas, esquecidas ou não nomeadas" (Nogueira, 2017, p 147). Por exemplo, saber que uma pessoa é negra não significa que ela precisará tratar com urgência questões étnico-raciais em suas sessões de terapia. Isso ocorre porque a negritude se relaciona com outras categorias sociais que irão compor uma identidade com singulares cruzamentos de avenidas identitárias.

Dessa maneira, é plausível supor que uma pessoa negra de classe baixa pode apresentar demandas bem diferentes de outra de classe alta. Assim como duas pessoas negras de classe alta podem ter angústias distintas por uma delas morar no país em que nasceu e a outra ser imigrante. Ou seja, cada pessoa é um mundo. A interseccionalidade abre caminhos para uma escuta sensível e atenta às especificidades de cada um e, com isso, auxilia a customizar os tratamentos ao possibilitar uma postura terapêutica que considera informações generalistas ao mesmo tempo que atua com responsividade.

Em diálogo com as pesquisas de Nogueira (2017) é possível considerar que as principais categorias de pertencimento são sexo, gênero, raça, etnia, classe social, religião, nacionalidade, orientação sexual e deficiências, que podem ser classificadas da seguinte forma:

a. **Categorias mistas:** resultam do conjunto de intersecções, por exemplo, mulheres lésbicas e negras.

b. **Categorias invisíveis:** influenciam a pessoa, embora ela não se reconheça no grupo e nem compreenda as consequências disso. Por exemplo, pessoas que têm traços negroides e ligações étnicas com o povo, mas não se consideram negras.

c. **Categorias de privilégio:** apresentam características prototípicas consideradas dominantes, como homem, branco, hétero e de classe alta.

d. **Categorias de subordinação:** juntas podem compor o eixo de opressão, como mulher, negra, lésbica e de classe baixa.

Ressalto que podem existir outras categorias. Apresento essas – que são as mais estudadas – com a intenção de demonstrar a importância de identificá-las nos processos psicoterápicos.

A seguir, vamos ver como dr. Baba trabalhou essa questão com Jorge.

Quadro 9.4 – Análise das categorias de pertença de Jorge				
Categoria	Situação que ativa	Pensamentos	Emoções	Estratégias para lidar
Raça	À noite quando estou voltando para casa e a polícia me aborda de forma violenta	Acho que agora eu vou morrer igual o George Floyd	Medo	Não fazer movimentos bruscos; falar em voz baixa; não colocar a mão na cintura; registrar o nome dos policiais para posteriores reclamações
Orientação sexual	Quando estou no jogo de futebol e fazem piadas homofóbicas	Estou com vontade de ir embora daqui para me livrar dessas pessoas mal-educadas	Raiva	Conversar com a pessoa que organiza os jogos para saber se é possível realizar uma intervenção no grupo para falar de homofobia; procurar outros espaços para jogar

(cont.)

Quadro 9.4 – Análise das categorias de pertença de Jorge

Categoria	Situação que ativa	Pensamentos	Emoções	Estratégias para lidar
Religião	Quando meu chefe fala que sou macumbeiro e critica minha religião	Estou aqui para trabalhar e acabo sendo desrespeitado	Nojo e raiva	Conversar com o chefe sobre os incômodos com suas falas e realizar reclamação formal sobre intolerância religiosa para a área de Recursos Humanos
Classe	Quando as pessoas me chamam para sair e não tenho dinheiro para acompanhá-las	É uma pena não poder participar das atividades do grupo	Tristeza e vergonha	Contar da sua situação financeira para um amigo mais próximo que aceita ir a lugares mais econômicos; procurar ir a eventos gratuitos; sair com outros grupos de amigos

O quadro anterior auxilia na identificação das categorias de pertença, de situações que as ativam e dos pensamentos e emoções que despertam no cliente. Esse trabalho pode contribuir para a modificação de crenças e comportamentos disfuncionais. No exemplo de Jorge, as informações estavam disponíveis com facilidade. No entanto, na realidade da prática clínica, clientes costumam apresentar categorias de pertença e eixos de opressão de modo bastante fracionado, inconsciente e desorganizado. Cabe então aos terapeutas terem sensibilidade para a coleta dessas informações, para que seja possível realizar intervenções como a do dr. Baba.

MESTIÇAGEM E COLORISMO

Klara trabalha em uma empresa de televisão e tem uma relação muito boa com toda a equipe que coordena. Certo dia, ela disse para uma de suas colaboradoras: "Inez, comecei a fazer terapia e estou pensando muito em qual é a minha cor. Por mais que as pessoas me vejam como uma pessoa branca, muitas vezes eu me sinto negra e isso acontece, principalmente, quando estou na companhia de minha mãe e meu irmão que são pessoas negras retintas". Inez ficou surpresa com a informação, pois nunca imaginou que sua líder tivesse uma parte da família que fosse negra. Vamos entender melhor os questionamentos de Klara sob a luz do conceito de colorismo.

Como escrevi anteriormente, Alessandra Devulsky (2021) explica que, no Brasil pós-abolicionista, a população negra era numerosa. Como a elite brasileira branca a considerava inferior e tinha interesse em invisibilizá-la, executou o plano de embranquecimento da população. Parte desse projeto consistia na mestiçagem cujo objetivo, conforme Munanga (2023), era incentivar as relações inter-raciais de pessoas brancas com indígenas e brancas com negras para que nascessem crianças mestiças. A expectativa era que, com isso, a população se tornasse cada vez mais branca, até seu embranquecimento total.

Para Devulsky (2021), o colorismo colaborou com o avanço e a manutenção desse plano, pois operava para realizar a classificação das pessoas utilizando como critério a cor, concedendo mais poder e privilégios às que aparentavam ter mais características europeias e brancas. A autora também aponta que, ao longo da história, essa divisão social por cores ocasionou e perpetuou problemas em três níveis. O primeiro é intergrupo, pois fortaleceu a ideia de que um grupo étnico-racial era superior ao outro. O segundo é intragrupo, quando considerou que, entre pessoas negras, aquelas que tinham mais traços fenotípicos brancos deveriam ser mais valorizadas, o que influenciou rompimentos de relações, conflitos e desarticulações de famílias e movimentos sociais. A terceira é individual, classificada como "experiência pendular". Para explicar esse conceito, a autora utiliza a metáfora de um pêndulo que se movimenta de um lado a outro sem parar em nenhum deles. Essas experiências "entre o não branco e o não suficientemente escuro criam um espaço curiosamente construído, a princípio, a partir de um não lugar" (Devulsky, 2021, p. 168). É possível que a experiência pendular incomode Klara e tenha sido um dos principais motivos que a fizeram procurar terapia.

Apresento ao leitor e leitora uma psicóloga chamada Euá. Ela é uma mulher negra e jovem com boa experiência em atender pessoas pretas, pois estuda profundamente as questões étnico-raciais com o dr. Baba. Atender sua nova paciente Klara tem sido um processo bastante desafiador, pois é a primeira vez que trabalha com uma mulher que se autodescreve como branca e procura terapia com queixas relacionadas à temática étnico-racial. No decorrer das sessões, Euá registrou algumas queixas de Klara:

1. "No trabalho, as pessoas me acham estranha. Elas não me falam nada diretamente, mas sinto que me percebem fora do padrão. Muitas vezes, ouço piadas sobre minha religião e críticas sobre as músicas que gosto. Vivem falando que eu me visto mal e acham minhas

roupas muito coloridas. Certa vez, até me disseram que eu preciso me vestir de um jeito mais sério. Eu apenas me visto de forma parecida com a minha mãe."

2. "Gosto muito dos amigos do Nagô, meu irmão, mas muitas vezes sinto que eles me acham estranha. Em alguns momentos, eu faço um comentário simples e eles interpretam minha fala como agressiva. Outro dia, fui vê-los vestindo uma roupa africana e falaram que essas vestes não combinam comigo. Fico muito irritada quando me chamam de patricinha e 'cor de burro quando foge'."

3. "Uma coisa que me deixa triste há muitos anos é a relação com meu irmão. Eu me sinto culpada por ter destruído a vida dele. Desde a escola me comparam com ele, me colocam em um lugar superior e isso afastou demais a gente. Meu pai tem grande influência nisso."

4. "A verdade é que eu não me sinto bem em lugar nenhum. Sempre acabo machucando as pessoas que amo e ninguém me entende. Uns acham que sou linda, outros acham que sou estranha. Eu só queria ser eu mesma."

Durante o processo de Klara, Euá realizou intervenções para trabalhar com códigos sociais, crenças disfuncionais, afrocentramento e negritude. No entanto, percebe que ainda há muito a ser feito. Algumas reflexões de Alessandra Devulsky podem auxiliar a compreensão de casos como esse:

> Manifestamente, compreender os engenhos do colorismo significa não obliterar as infinitas possibilidades que se abrem com uma real diversidade de pensamento, de existências e de experiências, e para isso uma mera carta de princípios é absolutamente insuficiente (Devulsky, 2021, p. 176).

A autora auxilia no entendimento de que existe uma diversidade de experiências humanas e formas de ser que não cabem na classificação racial que considera somente as possibilidades de uma pessoa ser preta, parda, branca, indígena ou amarela. Isso não invalida os estudos étnico-raciais, pelo contrário, avança na discussão ao elucidar que pessoas são mais do que suas raças e podem se movimentar socialmente em direções plurais e singulares. Nesse sentido, Geni Nuñes (2023) alerta para os cuidados que a sociedade precisa ter com classificações limitadas e limitantes, por exemplo, as binárias (amor ou amizade, homem ou mulher) e as monopolizadas, como acreditar que religião tem que ser a católica e casamentos precisam ser monogâmicos.

A terapia de Klara avançou e ela entendeu que não cabe em nenhuma caixinha social. Ciente disso, ela foi buscar auxílio de sua religião, o candomblé. Quando explicou toda a sua história para o babalorixá de seu terreiro, ele respondeu com o seguinte *itã*: "Certa vez, ofereceram duas cumbucas para Exu. Na primeira, tinha apenas coisas boas e, na segunda, somente coisas ruins. Exu rejeitou ambas e pediu uma terceira cumbuca, vazia. Então, enquanto todos o observavam, ele colocou as coisas boas e as ruins na terceira cumbuca e disse que ficaria somente com aquela, em que a lógica era do 'e', não 'ou'".

Gosto muito dessa história, pois ela contribui para o entendimento de que a realidade é muito mais complexa do que imaginamos e categorizá-la pode ser útil, mas nunca será o suficiente, pois as coisas são boas e más. Também faz sentido pensar que as coisas apenas são. Nem toda pessoa branca é colonizadora; nem toda pessoa negra foi escravizada. Existem pessoas negras que maltratam pessoas negras, pessoas brancas que salvam pessoas indígenas e pessoas indígenas que se casam com pessoas amarelas.

O caso de Klara auxilia bastante no entendimento de que investimos esforços na compreensão de questões étnico-raciais para que possamos torná-las mais justas e igualitárias. Isso se torna mais viável quando combatemos a ideologia da supremacia racial branca, pois é justamente ela que opera para gerar injustiça e desigualdade nas relações. Grandes estudiosos dessa temática como Kabengele Munanga, Abdias do Nascimento e Florestan Fernandes defendem que os estudos das questões étnico-raciais devem contribuir para a "construção de uma democracia verdadeiramente plurirracial e pluriétnica" (Munanga, 2023, p. 91).

Entendo que a busca por uma sociedade plural seja o objetivo de todas as pesquisas apresentadas neste livro. Mais do que isso, talvez seja o ponto de conexão entre as teorias críticas, decoloniais, afrocentradas, antirracistas e a TCC culturalmente responsiva proposta por Pamela Hayes. Se o pluralismo pode ser compreendido como objetivo geral dos estudos étnico-raciais, é também o objetivo da clínica sensível, cuja proposta é tratar demandas relacionadas a raça e etnia. O trabalho dos terapeutas é auxiliar as pessoas para que sejam o que quiserem e tenham condições para conviver de forma ética e harmoniosa com os outros, os quais também devem ser livres para explorar múltiplas formas de viver. Durante todo este livro, fiz declarações de amor ao samba, à feijoada, à capoeira e às religiões de matriz africana, mas também deixei evidente que ser negro não se resume a isso. Existe uma diversidade negra de tons de pele, gostos musicais e sonhos. Pessoas negras podem ter semelhanças em alguns pontos e diferenças em outros, pois ninguém é exatamente igual e a psicologia precisa estar sempre atenta a essas singularidades.

As experiências de Klara e seu irmão Nagô confirmam que pessoas negras retintas tendem a sofrer mais preconceito e discriminação racial do que aquelas identificadas pela sociedade como pardas. No entanto, é importante que a comunidade negra não seja mal influenciada por essa classificação dos sofrimentos em cores, graus e níveis e possa acolher com equidade todos e todas como recomenda Wilson Honório da Silva:

> É exatamente pela força do discurso ideológico e seu reflexo na realidade que não devemos menosprezar quando [pessoa preta] de pele mais clara rompe com essa lógica, abre mão das mediações impostas pelo mito da democracia racial e passa a autodeclarar-se negro ou negra. Isso significa, em algum nível, uma ruptura com a lógica do sistema, porque ele/ela sabe, por experiência própria, que pode estar abrindo mão de privilégios ou que, no mínimo, isso aumentará seus conflitos com a sociedade (Silva, 2016, p. 115).

Todo sofrimento carece de intervenções clínicas acolhedoras; nos casos em que as demandas são oriundas das experiências pendulares, o tratamento pode ser mais eficaz se considerar as questões interseccionais, sobretudo quando trabalhadas a partir do conceito de categoria de pertença. Isso porque ele auxilia clientes a compreenderem melhor como os cruzamentos de suas avenidas identitárias formam sua singular identidade e oferecem recursos para viverem de forma livre e autêntica mesmo que não encontrem modelos padronizados socialmente para serem quem desejam ser. A seguir, vamos entender como esse conceito pode ser trabalhado na clínica da TCC a partir da utilização das categorias de pertença.

Quadro 9.5 – Análise das categorias de pertença de Klara

Categoria e classificação	Contexto de ativação	Consequências da ativação	Manejo para lidar com as ativações
Raça branca (privilégio)	Acredita que ter traços fenotípicos brancos contribuiu para que alcançasse bons resultados em sua carreira e muitas vezes se beneficiou do pacto da branquitude	As consequências são favoráveis para ela, pois a categoria ativada favorece privilégios	Assumiu seus poderes e privilégios brancos e o compromisso de fazer tudo que estiver ao seu alcance para não os perpetuar
Religião (subordinação)	Relatou ter sofrido intolerância religiosa em seu trabalho quando comentou que sua religião é o candomblé	Fica com raiva das falas preconceituosas sobre sua religião e com medo de que essa informação afete sua ascensão profissional	Evita falar sobre sua religião no trabalho
Raça negra (invisível)	No trabalho, seus colegas fazem piadas com sua religião, gosto musical, corte de cabelo, roupas e fatores que remetem à cultura negra. Sofre discriminação por demonstrar afinidade com a cultura que é um legado de sua família materna	Ficava incomodada, com vergonha e raiva, mas, antes da terapia, nunca pensou que a raça poderia ser uma categoria invisível ativada nessas situações	Depois que compreendeu a ativação da categoria, começou a responder com mais assertividade às piadas racistas de colegas do trabalho

(cont.)

| Quadro 9.5 - Análise das categorias de pertença de Klara ||||
Categoria e classificação	Contexto de ativação	Consequências da ativação	Manejo para lidar com as ativações
Classe social (privilégio)	Sua família sempre teve um poder aquisitivo que possibilitou acesso à educação, saúde e lazer de modo amplo e frequente	As consequências são favoráveis, pois a categoria ativada concede privilégios. Mas, mesmo com poder aquisitivo, não se sente bem em lugares frequentados pela elite branca	Seguirá frequentando restaurantes caros, mesmo que sejam espaços embranquecidos, e comprando produtos frutos do empreendedorismo negro e periférico
Membro de família inter-racial (mista)	Pode ser considerada da raça branca, mas tem origens e afinidades com a negra, tendo ambas as categorias ativadas que, juntas, compõem uma terceira, complexa e mista	Tem como principal consequência a experiência pendular	Buscou terapia justamente para lidar com essa demanda

O quadro 9.5 apresenta apenas um exemplo de análise categorial, pois se trata de um exercício complexo em que cada cliente precisa identificar suas categorias de pertença, compreender os contextos que as ativam, suas consequências e elaborar estratégias para lidar com suas ativações.

Com base nesse exercício, Euá e Klara elaboraram um plano de ação:

- a. Analisar categorias ativadas quando Klara está em ambientes com pessoas brancas.

b. Analisar categorias ativadas quando Klara está em ambientes com pessoas negras.

c. Analisar categorias ativadas quando Klara está em ambientes com diversidade étnico-racial.

d. Elaborar estratégias para lidar com cada situação.

RELACIONAMENTOS INTER-RACIAIS

Considero que o estudo dos relacionamentos étnico-raciais é um tema complexo, pois exige boa compreensão de todos os conceitos abordados anteriormente. Sem a intenção de realizar contribuições aprofundadas sobre o tópico, cabe a este livro uma discussão suscinta com o objetivo de convidar o leitor e a leitora a se debruçarem nas pesquisas citadas.

Dou início às reflexões mencionando a canção *Um amor puro*, de Djavan. A música fala de um amor puro que existe independentemente da história pregressa dos amantes. Acredito que seja possível encontrar esse sentimento em relações compostas por um homem com outro homem, uma mulher com outra mulher, pessoa branca com pessoa negra, relações não monogâmicas e infinitas outras possibilidades de amor, desde que consentidas e respeitosas. Ressalto isso, pois não quero correr o risco de interpretarem que pretendo aqui definir se determinada forma de amor é boa ou ruim, possível ou não. O que sei é que o amor extrapola o campo da psicologia e talvez seja a arte que tenha mais recursos para decifrá-lo.

Dito isso, sigo a reflexão sobre relações amorosas inter-raciais creditando mais uma vez a Fanon (2020) o pioneirismo nessa discussão. Em seu livro *Pele negra, máscaras brancas* o autor se dedica a elucidar dinâmicas comuns nas relações amorosas entre pessoas brancas e negras. De modo geral, ele explica que o casamento e a família são instituições que recebem forte influência da sociedade. Dessa forma, as dinâmicas étnico-raciais conflituosas vistas na cena social tendem a se reproduzir no âmbito conjugal. Nesse sentido, por mais que exista amor puro e interesse em construir uma família feliz e harmoniosa, uma mulher negra pode sofrer racismo por parte de seu marido branco e um homem negro pode se casar com uma mulher branca com a esperança de, com isso, ser mais respeitado e ascender socialmente. Lia Vainer Schucman apresenta a seguinte questão:

> É possível afirmar, portanto, que na sociedade brasileira, neste momento histórico presente, há certas condições conjunturais bastante complexas que permitem aos sujeitos um comportamento ideológico e discursivo singular e contraditório. Eles podem, de maneira simultânea e coordenada: a) ser contra o racismo, b) achar que o racismo é um mal que todos devem combater, c) sagrar casamentos inter-raciais e d) ser racistas (Schucman, 2017, p. 453).

A partir das ideias apresentadas, é possível compreender que uma das maiores dificuldades de se estudar as relações inter-raciais são suas contradições. Retomo o exemplo das cumbucas de Exu, por meio do qual aprendi que a realidade é mais complexa do que imaginamos e que uma visão binária pode inviabilizar seu entendimento. Dada essa complexidade, como é possível abordá-la de modo sensível nos atendimentos com casais e famílias?

No livro intitulado *Famílias inter-raciais*, Schucman (2023a) apresenta a ideia de que primeiro devemos identificar as demandas clínicas que sofrem influência de fatores sociais. Por exemplo, é possível que uma mulher negra, esposa de um homem branco, apresente uma demanda sobre baixa autoestima que esteja relacionada ao racismo. Terapeutas precisam ser hábeis para investigar se existe essa relação ou não. Depois, devemos compreender que existem demandas que são tanto particulares como determinações sociais. O que explica essa causalidade múltipla e dialética são processos já discutidos neste livro, como aqueles que ocorrem na opressão internalizada em que um indivíduo tem crenças disfuncionais que são ao mesmo tempo particulares e geradas, ativadas e perpetuadas por fatores sociais.

Partindo dessas breves considerações sobre o tema, trago percepções de como os terapeutas podem observar demandas de casais e famílias que possam ter relação com questões étnico-raciais, mesmo que isso não se apresente nas sessões de forma explícita.

Nos estudos em TE, "os modelos mentais de como amar e ser amado são construídos a partir das experiências com cuidadores e figuras representativas no desenvolvimento do sujeito" (Paim; Cardoso, 2019, p. 31). Sendo assim, as experiências amorosas são baseadas em padrões de relacionamentos saudáveis ou danosos que muitas vezes estão inconscientes. Quando uma pessoa identifica na outra a possibilidade de repetir ou evitar esses padrões, ela sente atração: "por de trás da atração, estão as aprendizagens emocionais que agem como se fossem misteriosas, cheias de segredos e pouco conhecidas, mas de alguma forma são familiares e muito atraentes" (Paim; Cardoso, 2019, p. 37). O padrão de atração é o que move uma relação, no entanto, junto dele surge uma ilusão, que é a expectativa de ter as necessidades supridas no namoro que se inicia. Esse conjunto de elementos – a tendência de repetir padrões de atração e de ilusão – fazem parte da química esquemática. Considerando esses aspectos, vamos a um caso que envolve questões étnico-raciais.

ESTUDO DE CASO: ADELINA & RÔMULO

Adelina é uma mulher negra com baixa autoestima. Ela relata que desde a infância se sente feia e sem qualidades. Após dois anos de terapia, começou a se perceber como uma pessoa inteligente e atenciosa. Um dia, ela conheceu Rômulo, um homem branco que no primeiro encontro se autodescreveu para ela como elegante, extrovertido, inteligente e alguém que gosta muito de receber atenção.

- **Padrão de atração:** no início do relacionamento, Adelina dizia para as amigas que achava estranho um homem tão bonito se interessar por ela ao mesmo tempo que se sentia aliviada por finalmente ser a escolhida para namorar uma pessoa tão especial e charmosa. Em terapia, ela entendeu que essa mesma sensação ambivalente de alívio e estranhamento estava presente nas relações com colegas da escola brancos e com o pai, um homem branco pouco afetuoso e ausente. É possível compreender que a atração dela por Rômulo repetiu um antigo padrão. Rômulo percebeu em Adelina a possibilidade de finalmente se casar, pois a considerou inteligente e atenciosa, portanto, uma pessoa ideal para um relacionamento duradouro. As características eram muito diferentes das encontradas nas suas namoradas anteriores. Nesse caso, ele utilizou uma estratégia compensatória para não reproduzir um padrão de relação conhecido que considerava disfuncional.

- **Padrão de ilusão:** Adelina disse às amigas que tinha encontrado o amor da sua vida. Passava horas admirando aqueles olhos azuis e cabelos lisos iguais aos príncipes dos desenhos que assistia na infância. Ela acreditava que, ao lado de um homem como aquele, nunca mais se sentiria feia e viveria sempre com uma boa autoestima, já que teria a aprovação constante de alguém tão especial. Rômulo, no início da relação, acreditava que Adelina lhe daria toda a atenção necessária para que se sentisse tranquilo, satisfeito e sem vontade de ficar trocando de parceira em busca de alguém que já havia encontrado.

ASPECTOS DA QUÍMICA ESQUEMÁTICA

Adelina tinha a ilusão de que, ao ser aceita por um homem branco, poderia se sentir uma mulher bonita e atraente para sempre. Ser esposa de Rômulo parecia colaborar para que realizasse seu desejo inconsciente de embranquecer e não se perceber mais como uma pessoa defectiva e desprezada. No entanto, como sua suposta ascensão social e pessoal estava ancorada em uma ilusão e no desejo de embranquecimento, em poucos meses de relacionamento, suas inseguranças voltaram. O quadro se agravou quando ela conheceu amigas brancas de Rômulo e começou a imaginar que seria substituída por elas a qualquer momento. Adelina começou a ter comportamentos indicativos de que estava com ciúme, o que favoreceu muitas brigas do casal.

Rômulo esperava que Adelina permanecesse atenta, cuidadosa e suprisse sua necessidade de atenção e de ter alguém que o fizesse se sentir poderoso, grandioso e especial. No entanto, com o tempo, na percepção dele, ela se tornou insegura, pouco afetuosa e desconfiada. À procura de atenção, ele buscou relacionamentos com outras mulheres e, ao desconfiar de sua infidelidade, ela voltou a se sentir insegura. Rômulo pensou em se separar de Adelina, mas decidiu buscar terapia de casal para permanecer na relação quando soube que ela estava grávida. Seu sonho era ser pai de um menino branco e de olhos azuis como ele.

Adelina repetiu o padrão de relacionamento que tinha com seu pai. Rômulo repetiu o padrão que tinha com suas outras namoradas. Ambos se desiludiram com a relação.

CONSIDERAÇÕES SOBRE O CASO

À primeira vista, seria possível um terapeuta que atua com base na TCC ou TE avaliar que recebeu em seu consultório um casal composto por um homem com traços narcisistas e uma mulher com baixa autoestima e questões relacionadas a abandono e defectividade. Entendo que essa avaliação poderia embasar planos de ações interessantes como trabalhar questões relacionadas a ciúme, traição e comunicação. No entanto, um olhar sensível para as questões étnico-raciais investigaria melhor alguns pontos. No caso de Adelina, a baixa autoestima, a defectividade e o medo de ser substituída por uma mulher branca pode ter relação com questões étnico-raciais? Existem fatores sociais que corroboram para que Rômulo se perceba como um homem bonito, atraente e com muitas qualidades, ao mesmo tempo que Adelina se veja como o oposto disso? Se esses fatores sociais forem identificados, como eles poderiam influenciar a dinâmica da relação? Será que tratar as questões étnico-raciais pode aumentar as chances de o processo terapêutico desse casal evoluir?

Para concluir as considerações sobre relações inter-raciais, retomo o caso da família de Klara, Nagô, Shena e Arnaldo. Entendo que uma investigação sensível às questões étnico-raciais poderia auxiliá-la a lidar melhor com situações como a inferioridade de Nagô em relação a Klara e a culpa que esta sente por acreditar que prejudicou a vida do irmão.

HONRAR OS ANCESTRAIS E ABRIR CAMINHOS PARA OS MAIS NOVOS

Neste último tópico sobre demandas clínicas relacionadas às questões étnico-raciais e caminhos para manejá-las, dedicarei algumas linhas a idosos e crianças. De modo geral, esses grupos já foram contemplados ao longo do livro, mas cada fase da vida tem suas peculiaridades e por isso acredito que sempre cabe considerar as especificidades de cada uma delas. Em meus atendimentos clínicos e supervisões, são frequentes casos de pessoas pretas mais velhas que se sentem inúteis, ultrapassadas ou que são consideradas um peso para suas famílias.

Entendo que essas queixas podem ser comuns nessa faixa etária, mas, no caso de pessoas pretas, percebo alguns motivos específicos. Algumas delas relatam que na juventude e na fase adulta lutaram vigorosamente em defesa dos povos oprimidos, mas, com o passar dos anos, começaram a se sentir sem energia para se posicionar na linha de frente das manifestações, protestos e debates da mesma forma que fizeram em outros tempos. Nesses casos, é a impossibilidade de lutar como sempre lutou que embasa as queixas.

Outra demanda recorrente são quadros em que as opressões internalizadas foram experienciadas desde a infância e nada foi feito ao longo da vida para tratá-las. Essas pessoas levam para a terapia crenças disfuncionais extremamente rígidas. Em alguns casos, o racismo está internalizado a ponto de pretos e pretas reproduzirem falas e comportamentos com viés racista com seus colegas e familiares. Existem também casos de pessoas que não se descobriram negras e viveram toda a infância e fase adulta acreditando serem as únicas responsáveis por tudo que não puderam ser e fazer, ou seja, elas desconsideraram a possibilidade de o racismo ter interferido em seus projetos e dificultado a realização de alguns de seus sonhos. Nesses casos, é possível identificar sintomas depressivos, baixa autoestima e desesperança.

Considerando essas três demandas, como podemos auxiliar as pessoas pretas mais velhas? Não cabe a este livro um detalhamento das intervenções para lidar com esses casos, no entanto, é possível pensar que, em linhas gerais, para cuidar dos mais velhos, é preciso cuidar dos mais novos e vice-versa. A seguir, farei considerações para explicar melhor essa circularidade do cuidado entre pessoas idosas e crianças.

Quando o músico Emicida foi entrevistado pelo programa *Roda Viva*, da TV Cultura, inspirado em uma pergunta feita por Adriana Couto, disse: "a gente precisa conectar as crianças com a negritude enquanto potência, não enquanto tragédia". Ou seja, uma pessoa negra que entra em contato com a negritude nos primeiros anos de vida pode ter orgulho da sua raça e etnia sem que tenha sofrido ataques racistas em suas primeiras interações sociais. Assim, é possível que ela se descubra como uma potência antes de ser convencida de que seu destino será trágico por ser negra. O artista e eu nos conhecemos na periferia da Zona Norte da cidade de São Paulo. Nessa época, tive a oportunidade de vê-lo ao lado de seu irmão, Evandro Fióti, lutando pelo sonho de ser um músico reconhecido. Atualmente, a discografia de Emicida apresenta conteúdos de grande valia para a clínica sensível às questões étnico-raciais. Na música "Levanta e anda", ele descreve sua infância precária e ao longo da canção diz "somos reis, mano" e incentiva pretos e pretas a acreditarem em seus potenciais e partirem em busca de seus sonhos. No refrão, deixa para quem vem do mesmo lugar que ele o recado de que, mesmo sem ter motivos, ele sabe que essas pessoas vão prosseguir.

Nesse sentido, se as crianças negras conhecerem o quanto antes a negritude como potência, e se a juventude negra tiver incentivo para lutar pelos seus sonhos, é possível que as chances de pessoas negras mais velhas terem crenças disfuncionais rígidas ou de viverem uma boa parte da vida sem conexão com a negritude diminuam.

Para falar sobre as pessoas pretas mais velhas que se sentem inúteis, recorro mais uma vez ao samba. Sambista raiz respeita a pessoa mais velha, a trata com carinho e faz tudo que for possível para reconhecer sua importância. Um exemplo disso é a música "Canto pra velha guarda", interpretada pelo grupo Fundo de Quintal. Um trecho da canção diz que os responsáveis por guardar a bandeira da escola são a velha guarda e que, quando essas pessoas estão na roda de samba, "é lenha na fogueira".

A bandeira é o símbolo mais importante de uma escola de samba. Já a velha guarda é composta por aqueles que já fizeram muito pela comunidade e são responsáveis não somente por guardar o estandarte, mas também zelar por toda sabedoria afro-brasileira herdada dos ancestrais. A canção explica que as autoridades acima da velha guarda são somente aqueles e aquelas que repousam na galeria dos imortais, ou seja, os ancestrais. Assim, sua presença em uma roda de samba é lenha na fogueira, pois é um elemento essencial para a comunidade se manter acesa e seu legado tem valor inestimável para a comunidade. Dessa maneira, se as pessoas mais velhas forem respeitadas e consideradas guardiãs dos saberes ancestrais, diminuem as chances de elas se sentirem inúteis, ainda que não tenham tanta energia para estar na linha de frente das batalhas.

Quando cuidamos das crianças negras, elas crescem entendendo a negritude enquanto potência, podem prosperar na vida e, um dia, se tornarem idosas a serem honradas pelos seus feitos e reconhecidas como guardiãs da sabedoria afro-brasileira. Quando cuidamos das pessoas mais velhas, elas são devidamente reconhecidas pelos seus feitos e podem transmitir seus ensinamentos para as crianças da comunidade. Eis a circularidade. Como exemplo desse elo entre a velha guarda e a mocidade, temos a canção "Não deixe o samba morrer", que ilustra com profundidade e beleza o apreço de um morador do morro pelo samba que, com bastante serenidade, revela quais serão seus últimos pedidos quando não puder mais entrar na avenida e estiver prestes a ancestralizar. O último e mais marcante pedido, *não deixe o samba morrer*, é destinado ao sambista mais novo.

CAPÍTULO 10

PROCEDIMENTOS, ESTRATÉGIAS E TÉCNICAS DA TCC SENSÍVEL ÀS QUESTÕES ÉTNICO-RACIAIS

ESTRATÉGIAS INTERPESSOAIS: ALIANÇA TERAPÊUTICA, AVALIAÇÕES INICIAIS E CONCEITUALIZAÇÃO COGNITIVA

Aliança terapêutica

O autoconhecimento é o primeiro passo para se tornar um profissional capaz de desenvolver uma boa aliança terapêutica. É preciso conhecer a própria história e tudo aquilo que alimenta suas interpretações da realidade. Trilhando esse caminho é possível adquirir consciência do lugar social de onde se fala e compreender que suas análises clínicas são altamente influenciadas por experiências pessoais e por isso tendem a ser limitadas e enviesadas. Essa consciência tende a tornar o terapeuta mais humilde, curioso e respeitoso com seus clientes, ampliando significativamente a sensibilidade. A partir disso, chega o momento de buscar fundamentação teórica sobre TCC e as demandas do povo negro. Para além dos aspectos teóricos, vivenciar a cultura negra por meio de filmes, músicas e biografias pode auxiliar nessa jornada de sensibilização. A supervisão contínua também é bastante indicada.

Em termos práticos, o que se espera com esse processo é que cada profissional da psicologia adquira os recursos necessários para desenvolver uma boa aliança terapêutica com seus clientes e aprimore seu raciocínio dialético, que é, como já citado, "a capacidade de reconhecer duas visões de mundo concorrentes, por vezes excludentes, e reconhecer como confiável e válida a visão de mundo do cliente, mesmo quando diferente da visão do psicoterapeuta" (Ferreira *et al.*, 2022).

A esse respeito, entre os conceitos desenvolvidos por Hays (2013) abordados no capítulo 7, creio que os três conceitos fundamentais para a sensibilização de terapeutas da TCC são:

a. **Responsividade:** utilizar as ferramentas da TCC de maneira apropriada, adaptada e customizada para atender de modo eficaz às demandas, necessidades e problemas de cada cliente.

b. **Sensibilidade cultural:** conhecer sua própria cultura, seu lugar de fala e seus vieses; posicionar-se diante do paciente como um aprendiz de sua cultura; ser capaz de alternar de modo consciente entre sua própria lente cultural e a do cliente.

c. **Competência cultural:** tomar a perspectiva do cliente na compreensão dos significados psicológicos de suas experiências.

A consciência do lugar de fala e o letramento racial são recursos importantes para a superação das barreiras que podem prejudicar o desenvolvimento de uma boa aliança terapêutica. Um exemplo de barreira a ser superada é que pessoas pretas "muitas vezes indicam que têm dificuldades em se conectar com o clínico a quem percebem como pertencendo a uma classe dominante" (Wenzel; Brown; Beck, 2010, p. 119). Isso ocorre porque as relações interpessoais e inter-raciais tendem a reproduzir a dinâmica social na qual o racismo gera tensão e conflito entre as partes e é preciso esforço para desenvolver algo diferente disso na relação terapêutica. É necessário que o profissional que atende uma pessoa com repertório cultural diferente do seu permaneça atento às suas próprias falas, gestos, perguntas, roupas e objetos do consultório para não intervir de modo desrespeitoso e incompreensivo, mesmo que involuntariamente. Os recursos que possibilitam essa postura sensível e acolhedora estão relacionados justamente ao autoconhecimento, ao conhecimento da cultura do paciente e ao raciocínio dialético.

Quando uma pessoa preta é terapeuta de outra pessoa preta, o vínculo pode ser facilitado por questões de afinidade e facilidade para compreender algumas demandas comuns. No entanto, é importante celebrar esse aquilombamento na clínica tanto quanto lembrar que, para além do vínculo, é necessária uma avaliação e intervenção clínica que esteja de acordo com as recomendações teóricas e técnicas da abordagem psicoterápica escolhida. Outro ponto importante é que mesmo se terapeuta e cliente tiverem semelhanças por estarem conectados pela negritude, as pessoas negras têm diferenças entre si e precisam ser compreendidas de acordo com suas singularidades. É preciso cuidado para que o objetivo do cliente não seja se tornar uma pessoa que apenas reproduz os comportamentos de seu terapeuta.

Outro fator imprescindível é se o terapeuta se sente apto para atuar no caso. Quando o profissional não for letrado racialmente e não tiver consciência de seu lugar de fala, a opção mais adequada é encaminhar o cliente a um colega mais qualificado.

Avaliações iniciais

Sobre as avaliações realizadas nas primeiras sessões, ressalto que, inicialmente, pessoas pretas devem ser avaliadas integralmente, considerando histórico de vida, queixas, sintomas e hipóteses diagnósticas de acordo com a literatura geralmente utilizada no campo da psicologia, como a Classificação Internacional de Doenças (CID). Isso significa que as questões étnico-raciais são importantes, mas não necessariamente são urgentes, prioritárias. Pode haver, por exemplo, casos de transtornos de personalidade, autismo ou esquizofrenia que careçam de intervenções com técnicas e protocolos de eficácia reconhecida cientificamente para remitir sintomas e melhorar o quadro. Nesses casos, a clínica sensível às questões étnico-raciais complementa os recursos de terapeutas, mas não substitui teorias e procedimentos já consagrados da psicologia para lidar com diagnósticos amplamente estudados.

Ressalto que, na psicologia clínica, nem tudo é sobre racismo. No entanto, em alguns casos, identificar e tratar as repercussões do racismo é determinante para o avanço do tratamento. Isso ocorre com todos os outros diagnósticos. Por exemplo, nem tudo é sobre depressão, mas, em certas situações, a depressão precisa ser rapidamente diagnosticada e tratada.

Pode haver também momentos em que, para além de questões étnicas e raciais, sejam apresentadas demandas multidisciplinares – psiquiátricas, relacionadas a vulnerabilidades sociais, entre outras. Nessas ocasiões, são necessários encaminhamentos para intervenções compartilhadas com outras áreas do saber. Isso pode ocorrer com certa frequência, pois a clínica sensível às questões étnico-raciais trata de temas contextuais e sociais que extrapolam o campo da psicologia, logo, é comum que precise de suporte de outras áreas de conhecimento.

Conceitualização cognitiva

A conceitualização cognitiva é uma formulação de caso orgânica e em constante desenvolvimento elaborada pelo terapeuta e seu paciente. Ela auxilia na compreensão e direcionamento do tratamento. Entre os seus objetivos estão: entender pontos fortes e fracos de clientes, identificar crenças e comportamentos disfuncionais que influenciam patologias e oferecer informações para o planejamento do tratamento (Beck, 2022). A seguir, listo algumas recomendações que podem auxiliar em especial as conceitualizações sensíveis às questões étnico-raciais.

A primeira é investigar amplamente os fatores ambientais e contextuais. Como expliquei anteriormente, as crenças são geradas a partir de temperamento, relação com cuidadores e o ambiente (sociedade), sendo o último o principal foco dos estudos étnico-raciais. Isso porque um ambiente racista é capaz de gerar, ativar e perpetuar as crenças, portanto, desconsiderá-lo pode dificultar ou inviabilizar a reestruturação cognitiva. Relembro aqui alguns exemplos de fatores ambientais a serem investigados conforme Hays (2009):

a. **Problemas ambientais:** racismo, discriminação, violência, falta de recursos financeiros, sanitários, de saúde e educação, desastres ou guerras.

b. **Condições ambientais:** praias, jardins, espaço para recreação, igrejas, terreiros e a presença de arte e música específicas da cultura.

c. **Suportes interpessoais:** celebrações e rituais tradicionais, grupos de ação política e social, parentes bem-sucedidos, fonte de orgulho e força para os pais e a família estendida.

d. **Princípios e concepções:** noções de origem da vida, religião, inteligência, patologias, tempo e relações intergeracionais.

A segunda é que tanto os fatores ambientais como as crenças precisam ter seus aspectos positivos e negativos analisados. As crenças disfuncionais e os fatores negativos do ambiente auxiliam na identificação do racismo e suas repercussões nas pessoas negras. Já as crenças funcionais e os fatores sociais positivos, como o acesso aos repositórios de saberes afro-brasileiros, são recursos que podem contribuir significativamente com o avanço do tratamento. Sendo assim, sugiro que terapeutas utilizem um diagrama de conceitualização para pontos fortes e outro para pontos fracos, pois isso auxilia no detalhamento de cada aspecto.

A terceira é referente ao fato de que alguns clientes apresentam explicitamente queixas relacionadas a temas étnico-raciais. No entanto, no caso de uma pessoa preta não abordar esse assunto, é indicado investigar se as repercussões do racismo causaram o problema apresentado, agravaram o problema ou dificultam o tratamento do problema. Para além dessas três possibilidades, pode haver processos terapêuticos com pessoas pretas em que temas relacionados à raça e etnia não sejam urgentes nem prioritários. Nesses casos, o terapeuta deve tratar as demandas prioritárias e, ao longo do tratamento, seguir atento para o caso de surgirem temas étnico-raciais posteriormente.

Quadro 10.1 – Sugestão de técnicas		
Técnica	Descrição	Objetivo
Autorrevelação Tavares, Kuratani (2019)	O terapeuta, dentro dos seus limites, conta algo sobre a vida pessoal para o cliente a fim de favorecer o vínculo e a confiança	Em casos de pacientes negros que percebam a conduta terapêutica como algo formal e impessoal, a autorrevelação pode ajudar a estreitar o vínculo com o terapeuta
Psicoeducação Graham, Sorenson, Hayes-Skelton (2013)	O terapeuta explica conceitos, técnicas e procedimentos a fim de que o cliente se aproprie e seja ativo no processo terapêutico	É importante para o cliente negro se sentir empoderado ao conhecer o processo do qual está participando. Para clientes desconfiados e desacreditados, ajuda na compreensão e continuidade do tratamento
Regulação emocional Leahy, Tirch, Napolitano (2013)	Estratégias para compreender e regular as emoções	Auxilia no manejo da raiva e do estresse

ESTRATÉGIAS COMPORTAMENTAIS:
ESTILOS DE ENFRENTAMENTO E MANEJO DOS CÓDIGOS SOCIAIS

Estilos de enfrentamento

O processo terapêutico precisa auxiliar a pessoa negra a prestar muita atenção nas estratégias comportamentais utilizadas para lidar com problemas relacionados a questões étnico-raciais. Também é preciso analisar as consequências das estratégias empregadas, para compreender se elas são funcionais ou disfuncionais.

Na TCC, o primeiro passo para compreender uma estratégia é identificar se seu foco está relacionado à luta, quando se investe esforços para atingir o resultado esperado; à fuga, ao se desconectar do problema; ou à resignação, que gera submissão. As três opções podem ser funcionais ou não, pois a funcionalidade é multifatorial e circunstancial. Por exemplo: se uma mulher negra é chamada de macaca na ocasião em que está sendo assaltada e com uma arma apontada para sua cabeça, pode ser melhor resignar-se. Se, no ambiente de trabalho, um homem negro é chamado de macaco por um colega, lutar pode ser uma opção funcional.

Sendo assim, uma pessoa negra treinada pode avaliar cada situação de racismo e compreender se a melhor resposta para a ocasião é lutar, fugir ou resignar-se. No entanto, pacientes que ainda não conseguem realizar essa avaliação podem utilizar estratégias disfuncionais por muito tempo e evoluir para opressões internalizadas e outros quadros graves relacionados aos temas étnico-raciais.

Geralmente as pessoas que não conseguem fazer uma boa leitura da situação para escolher estratégias funcionais acabam repetindo uma única estratégia para diferentes ocasiões. Isso ocorre porque cada pessoa desenvolve a tendência de lidar com as situações utilizando um determinado foco, ou seja, cada pessoa tem um estilo de enfrentamento que a tendencia a sempre lutar, fugir ou resignar-se (Young; Klosko; Weishaar, 2008). Por exemplo, um homem negro que sofre racismo na faculdade, no trabalho e no clube e sempre reage lutando. Nesse caso, a luta pode ser funcional em alguns lugares, mas gerar grandes prejuízos em outros.

A seguir apresento exemplos em que os estilos de enfrentamento estão relacionados com as repercussões do racismo.

   a. **Repercussões do racismo relacionadas ao estilo de enfrentamento resignado**: resignar-se de forma constante pode favorecer uma autopercepção baseada nos padrões da cultura dominante ou uma identidade formada a partir do ponto de vista do outro. Como consequência, pode-se desenvolver baixa autoestima, vergonha de si e do seu grupo étnico, desconexão com seus próprios valores, desejo de embranquecer e sintomas depressivos. Em casos mais graves, pode levar a uma tentativa de suicídio.

   b. **Repercussões do racismo relacionadas ao estilo de enfrentamento de luta (hipercompensador)**: o constante desamparo e sofrimento por conta do racismo pode gerar uma estratégia hipercompensatória em busca do fim imediato da opressão. As consequências podem ser somatizações, desregulação emocional, arrogo, comportamentos inflexíveis, estresse, ansiedade, hipervigilância. Casos mais graves podem levar a crenças paranoicas e catastróficas difíceis de serem reestruturadas já que são, na verdade, interpretações que condizem com um ambiente realmente inóspito.

   c. **Repercussões do racismo relacionadas ao estilo de enfrentamento de fuga (evitativo)**: a população preta não sabe ao certo quando haverá uma redução significativa dos impactos do racismo e isso pode gerar desesperança, negativismo e pessimismo; apatia e inibição emocional; abandono da escola, tratamentos e trabalho; uso abusivo de drogas, ideação e tentativa de suicídio.

Ao identificar o estilo de enfrentamento, é importante analisar em quais situações ele é funcional, a fim de repeti-lo, e em quais é disfuncional para que sejam elaboradas novas estratégias. Um ponto importante dessa reflexão é que uma pessoa negra fortalecida não é quem sempre luta, sempre foge ou sempre se resigna, mas sim aquela que consegue fazer uma boa leitura de cada situação e escolhe a melhor estratégia considerando caso a caso.

Manejo clínico dos códigos sociais

Anteriormente, expus que, para identificar qual a melhor estratégia comportamental para lidar com determinada situação de racismo, é preciso realizar uma leitura que considere múltiplos fatores, os quais são mapeados a partir da análise dos códigos sociais. Para prosseguirmos, retomo o conceito de que os códigos sociais involuntários são as informações que pessoas estigmatizadas ou pertencentes a grupos minorizados transmitem sem intenção, sendo a discriminação racial uma resposta de terceiros a esses códigos. Sendo assim, compreender esses códigos e suas possíveis respostas aumenta as chances de prever o que vai ocorrer nas relações inter-raciais e instrumentaliza o paciente para elaborar estratégias funcionais que evitem ou reduzam os impactos da exposição ao racismo.

Existem também os códigos sociais voluntários, que são informações transmitidas de modo intencional e são capazes de superar os efeitos do racismo em algumas situações. Os quadros 10.2 e 10.3 servem de base para o exercício.

Quadro 10.2 – Análise de códigos sociais

Situação:	a pessoa sofreu racismo ou acredita que sofrerá discriminação racial
Estigma ou grupo minorizado:	raça, etnia, orientação sexual ou qualquer característica que identifique a pessoa como pertencente a um grupo minorizado
Possíveis interpretações dos códigos sociais involuntários:	o que as pessoas disseram na ocasião da discriminação racial ou o que elas podem dizer caso a situação ocorra
Riscos:	violência física, danos morais, perda de emprego ou acusações injustas
Estratégias para lidar com a situação:	qual é o foco da estratégia (luta, fuga ou resignação); como reagir de forma segura sem se colocar em risco; lista de fatores protetivos (pessoas, leis, grupos de apoio); o que é possível fazer para evitar; exemplos de pessoas que conseguiram lidar com a mesma situação. Entender se o estilo de enfrentamento do paciente favorece ou dificulta a funcionalidade para determinada ocasião
Códigos sociais involuntários:	traços fenotípicos, vocabulário, religião, roupas, currículo, gostos musicais e outras informações que possam indicar a pertença a um grupo minorizado
Códigos sociais voluntários:	documentos, habilidades, conhecimentos que possam reverter interpretações pejorativas
Ações no médio e longo prazo:	ações institucionais, protestos e posicionamentos políticos

Quadro 10.3 – Sugestão de técnicas

Técnica	Descrição	Objetivo
Registro de pensamentos disfuncionais (RPD) Knnap, Beck (2008)	Auxiliar o cliente a analisar a relação entre a situação vivida e seus pensamentos, sentimentos, comportamentos e outros fatores	Auxiliar o cliente a entender detalhadamente como a exposição ao racismo afetou e afeta sua subjetividade
Ensaio cognitivo Beck (2022)	Pedir para o paciente imaginar uma situação e treinar como seria uma resposta assertiva	Treinar pacientes para que, caso sejam alvo de racismo novamente, saibam a melhor forma de combater
Regulação emocional Leahy, Tirch, Napolitano (2013)	Estratégias para compreender e regular as emoções	Auxiliar no manejo da raiva e estresse

ESTRATÉGIAS COGNITIVAS:
MODIFICAÇÃO DAS CRENÇAS DISFUNCIONAIS E ADOÇÃO DE CRENÇAS FUNCIONAIS

Como expliquei anteriormente, as intervenções baseadas em TCC buscam identificar e modificar as disfuncionalidades presentes nas crenças nucleares, intermediárias e em pensamentos automáticos. Esse trabalho pode resultar na reestruturação cognitiva que, por sua vez, possibilita uma compreensão realista das situações e favorece a adoção de estratégias de enfrentamento funcionais. Na clínica sensível às questões étnico-raciais, normalmente o profissional seguirá os princípios da TCC e investirá esforços para identificar e modificar cognições disfuncionais. No entanto, é importante que o terapeuta se atente a algumas particularidades.

A primeira é que as investigações deverão dedicar especial atenção aos fatores ambientais e sociais que possam ser geradores, ativadores ou perpetuadores das crenças disfuncionais. A segunda é que as intervenções devem considerar que o preconceito racial parte de uma interpretação distorcida da realidade cuja base são as crenças disfuncionais das pessoas que o praticam. Nesse sentido, em algumas situações, a disfuncionalidade está presente em terceiros e não no paciente que realiza o processo terapêutico. Nessas ocasiões, o terapeuta pode auxiliar na elaboração de estratégias de defesa ou com foco em modificações no ambiente que estejam dentro das suas possibilidades.

A terceira se refere à importância das crenças funcionais adaptativas, por exemplo: "existe racismo no Brasil", "não há justificativas para alguém ser punido ou maltratado por ser negro", "raça não pode ser justificativa para julgar alguém como inferior", "cabelo crespo é diferente, não feio". Essas crenças, quando bem trabalhadas, são muito poderosas, pois validam pensamentos e emoções que pessoas negras sentem, evitam a perpetuação do mito da democracia racial no *setting* terapêutico e previnem que o paciente se sinta completamente responsável ou culpado por questões com interferências significativas de fatores sociais.

Exemplos de pensamentos automáticos que podem estar relacionados ao racismo são:

- "Que lugar chique! Eu não devia ter vindo, vou passar vergonha."
- "Não tenho nada a acrescentar na conversa dessa gente rica, fina e linda."
- "Até gostei dessa vaga de emprego, mas acho que não é para mim, não."
- "Desde a hora que eu cheguei, me deu uma sensação ruim."
- "Não estou me sentido bem aqui. Acho que quero ir embora."

Exemplos de crenças intermediárias que podem estar relacionadas ao racismo são:

- "Sou preto, então tenho que trabalhar no mínimo o dobro."
- "Para ser bonita, preciso parecer com uma princesa branca."
- "Terei sucesso profissional se não me comportar como um negro."

Exemplos de crenças nucleares que podem estar relacionadas ao racismo são:

- Desamor: "Nunca serei amada".
- Desamparo: "Sou incapaz de me proteger", "Sou impotente".
- Desvalia: "O que sei não serve pra nada", "Sou inútil", "Não mereço viver".

Quadro 10.4 – Sugestão de técnicas

Técnica	Descrição	Objetivo
Reestruturação cognitiva Leahy, Tirch, Napolitano (2013)	Identificar e modificar crenças disfuncionais com o objetivo de reestruturar o sistema cognitivo para que ele possa viabilizar comportamentos funcionais	A técnica pode ser aplicada normalmente, mas precisa considerar aspectos sociais, culturais e individuais
Duplo padrão Leahy (2006)	Questionar por que o cliente consegue ver soluções para outros e não para si. Perguntar quais conselhos positivos daria a um amigo com o mesmo problema e depois checar se tais conselhos serviriam a ele próprio	Para pessoas negras com auto-ódio, baixa autoestima: pedir para elogiar um amigo com base nos valores e riquezas do seu grupo étnico (habilidades musicais, cabelo, simpatia) e depois checar se os elogios servem para si própria ou questionar por que ela não sente autoadmiração
Advogado de defesa Leahy, Tirch, Napolitano (2013)	Pedir para o paciente fazer uma lista de características que julgue ruins sobre ele e depois sugerir que atue como um advogado em sua própria defesa	Clientes com baixa autoestima, auto-ódio e sentimento de inadequação podem experimentar pensamentos que os valorizem. O exercício amplia o repertório de argumentos para se posicionar contra atitudes racistas

ESTRATÉGIAS CONTEXTUAIS: ANÁLISES INTERSECCIONAIS E ACESSO AOS REPOSITÓRIOS DE SABERES

Análises interseccionais

As estratégias interpessoais, comportamentais e cognitivas são amplamente discutidas nos estudos em TCC e TE. No entanto, no decorrer das minhas pesquisas, compreendi que existem demandas que carecem de intervenções altamente sensíveis ao contexto. Questões relacionadas a mestiçagem são bons exemplos disso, pois, nesses casos, as pessoas sofrem por pertencerem ou não a determinadas categorias sociais. Vamos a um exemplo de estratégia contextual para tratar demandas relacionadas à mestiçagem.

Para iniciar a reflexão, é necessário retomar o conceito de interseccionalidade. De modo suscinto, ele pode ser compreendido como a relação entre as categorias de pertenças sociais experienciadas por um indivíduo. Como escrevi anteriormente, trata-se de um conceito muito complexo, por isso, são necessárias maneiras objetivas, pragmáticas e, de certa forma, simplificadas para abordá-lo no *setting* terapêutico.

O exercício que proponho é basicamente um mapeamento das categorias de pertença. As mais estudadas são sexo e gênero, raça e etnia, classe social, religião, nacionalidade, orientação sexual e deficiências, que podem ser classificadas como mistas, invisíveis, privilegiadas ou subordinadas. A análise categorial tem como objetivos identificar as categorias de pertença, suas classificações, a compreensão dos contextos que ativam ou desativam e suas consequências, bem como elaborar estratégias contingenciais para lidar com elas em cada categoria. Para exemplificar o exercício, retomo uma parte da análise categorial de Klara.

Quadro 10.5 – Análise das categorias de pertença de Klara			
Categoria e classificação	Contexto de ativação	Consequências da ativação	Manejo para lidar com as ativações
Raça branca (privilégio)	Acredita que ter traços fenotípicos brancos contribuiu para que alcançasse bons resultados em sua carreira. Ela entende que muitas vezes se beneficiou do pacto da branquitude	As consequências são favoráveis para ela, pois a categoria ativada está classificada como de privilégio	Assumiu seus poderes e privilégios brancos, bem como o compromisso de fazer tudo que estiver ao seu alcance para não os perpetuar

Acesso aos repositórios de saberes

Como já exposto, as teorias críticas, decoloniais e antirracistas são fundamentais por contribuírem significativamente com a emancipação do indivíduo. Em complementariedade a esse processo, a psicologia afrocentrada oferece recursos para a pessoa negra ser mais feliz, ter uma vida com mais sentido e conectada a valores. Essas preciosas contribuições das teorias afrocentradas estão intimamente relacionadas aos repositórios de saberes populares, tradicionais e afro-brasileiros. O acesso a eles disponibiliza modelos de crenças, padrões de comportamentos funcionais e estratégias para resolução de problemas. Mas ressalto que as contribuições da capoeira, das religiões de matriz africana, da música, da culinária e da dança extrapolam o universo da saúde mental e da psicologia. Elas são capazes de conectar pessoas negras aos ensinamentos milenares de seus ancestrais e propiciar experiências transcendentais que talvez a psicologia, enquanto ciência, nunca poderá oferecer.

Quadro 10.6 – Sugestão de técnicas

Técnica	Descrição	Objetivo
Uso de recursos na sessão Watson-Singleton, Black, Spivey (2019)	Utilizar baralhos, brinquedos, músicas, vídeos e filmes para enriquecer o processo terapêutico	Utilizar bonecos, imagens e histórias relacionados à cultura negra para que o cliente se sinta acolhido, seguro e representado no processo terapêutico
Autorrevelação Tavares, Kuratani (2019)	O terapeuta, dentro dos seus limites, conta algo sobre sua vida pessoal para o cliente a fim de estabelecer vínculo e confiança	Em casos de pacientes negros que percebam a conduta terapêutica como algo formal e impessoal, a autorrevelação pode ajudar a estreitar o vínculo com o terapeuta
Tarefas de casa Beck (2013)	Tarefas para que o paciente trabalhe o conteúdo fora da sessão	Tarefas podem envolver entrevistas com pessoas de seu grupo étnico e outras ações relacionadas aos seus valores culturais

ESTRATÉGIAS EXPERIENCIAIS:
SERIAM UM ELO ENTRE A TERAPIA DO ESQUEMA E A PSICOLOGIA AFROCENTRADA?

De modo geral, as técnicas experienciais ou vivenciais muito difundidas pela terapia do esquema (TE) são capazes de acessar traumas, emoções intensas e conteúdos inconscientes que dificilmente são tão bem trabalhados com outras estratégias de intervenção. Elas possibilitam que o paciente acesse suas emoções, esquemas e crenças durante a sessão de terapia. Quando isso acontece, observa-se um aumento significativo da capacidade de regular emoções, reprogramar memórias traumáticas, identificar necessidades não supridas e compreender padrões disfuncionais (Young; Klosko; Weishaar, 2008).

Young (2003) aponta diferentes formas de ativar as emoções dos pacientes durante a sessão, como ouvir músicas, assistir a filmes, relatar sonhos, lembranças e acontecimentos atuais. A maneira mais conhecida é o trabalho com imagens, no qual o terapeuta pede para o paciente fechar os olhos e se imaginar em uma cena causadora de significativa mobilização emocional. A partir disso, o profissional intervém com o objetivo de processar esquemas, emoções e memórias reavivadas. Esse procedimento ocorre de modo bastante sensível e cuidadoso e é muito bem embasado teoricamente e com orientações técnicas precisas.

Não cabe a este livro pormenorizar a TE e as técnicas experienciais. Sendo assim, indico a leitura do excelente artigo de Bruno Cardoso, Kelly Paim e colegas (2023) no qual apresentam procedimentos, estratégias e técnicas para o trabalho com estresse em grupos minorizados por sexo ou gênero. Nessa pesquisa, é possível acessar técnicas que também podem ser aplicadas em pessoas negras, principalmente nos pacientes conscientes da interferência de fatores étnico-raciais em suas histórias, como o potencial catártico que a escrita de uma carta para a sociedade carrega.

O motivo que me faz mencionar a TE e as práticas experienciais é que elas representam a possibilidade de levar o samba, a culinária, a dança e muitos outros conteúdos oriundos de repositórios de saberes afro-brasileiros para o *setting* terapêutico, para serem analisados de forma sensível, científica e popular. Em pesquisas futuras, seria muito válido estudar as estratégias experienciais como sendo um elo entre a TE e a psicologia afrocentrada, dado que ambas admitem a potência de intervenções vivenciais e acreditam que, às vezes, é preciso fechar os olhos e permitir que o corpo nos aponte onde dói, o que nos falta e quais os recursos que temos para suprir nossas necessidades. As duas convergem também na ideia de que parte importante do processo de cura gira em torno de "soltar o corpo" e permitir a manifestação de sensações, emoções e o acesso a antigas memórias.

Esse elo me instiga pois, ao mesmo tempo que é algo científico, de alguma forma está bastante inclinado à conexão com a nossa própria natureza e nossos ancestrais. Passeando pelos saberes afro-brasileiros e pelas pesquisas robustas da TE, muitas vezes encontro explicações diferentes para o mesmo fenômeno. Em certas ocasiões, quem me mostra a resposta é a neurobiologia ou a psiquiatria; com a mesma profundidade, outras vezes as mensagens chegam por meio dos orixás. Engana-se quem pensa que essa mistura desorganiza as práticas psicoterápicas. Longe disso, ela as torna sensíveis, desde que cada coisa ocupe exatamente o seu lugar, de forma ética e respeitosa.

Como tudo na minha vida acaba em samba, cabe terminar com a música "Liberar geral", do Terra Samba. No refrão, o grupo canta que tem suingue para oferecer a todos, um suingue que "excita no corpo a razão de existir", e avisa que está no samba e no samba é que quer ficar.

A frase "excita no corpo a razão de existir" é a melhor definição que eu já vi de estratégia experiencial.

CONSIDERAÇÕES FINAIS
O SHOW TEM QUE CONTINUAR

Chegou a hora da saideira! Espero que a jornada literária que experienciamos juntos durante este livro tenha enriquecido o repertório de terapeutas com ideias críticas, decoloniais, afrocentradas e antirracistas. Cabe agora a cada um de vocês ser um bom DJ e, em posse dessas ricas referências, encontrar a batida perfeita para cada pessoa preta que receber em seu consultório. Em uma frase que costuma ser atribuída a Nelson Mandela: "Se você falar com um homem em uma linguagem que ele compreende, isso entra na cabeça dele. Se você falar com ele em sua própria linguagem, você atinge seu coração".

Gratidão pela companhia por essas linhas. Viva o povo negro! Axé!

POSFÁCIO

A roda de samba que perpassa esta obra é uma brilhante analogia para a jornada e o ambiente acolhedor que se deseja criar na prática terapêutica. Assim como na roda de samba, onde todos têm voz e espaço para se expressar, o livro apresenta um diálogo inclusivo e respeitoso, sem que deixe de ser crítico e desafiador, com profissionais e futuros profissionais de psicologia, bem como com toda a população preta.

Para você, terapeuta que está chegando agora nessa roda, receba sem receios as valiosas contribuições que este livro, generosamente, oferece para a sua prática psicológica. Conte com elas para entender os efeitos do racismo na saúde mental, promover a autoestima e a identidade cultural positiva de seus pacientes, resgatar epistemologias historicamente apagadas, focar a promoção do bem-estar e aprimorar-se para realizar um atendimento mais sensível e eficaz.

Para um tratamento inclusivo, o livro nos ensina como é crucial adaptar a terapia cognitivo-comportamental (TCC) às experiências da população preta, integrar práticas culturalmente sensíveis e cientificamente competentes e se educar de forma contínua sobre essas questões, criando espaços seguros e acolhedores para que os pacientes se sintam confortáveis em compartilhar suas experiências, dores e traumas.

Bruno Reis, psicólogo, sambista, terapeuta e compositor, convocou a psicologia para a roda, como uma ciência acessível e inclusiva, e chamou para o samba terapeutas e psicólogos comprometidos em estabelecer a saúde mental como um direito fundamental para a população preta, abordando questões culturais sensíveis para que essa população se sinta acolhida, compreendida e cuidada em suas particularidades e nas questões que a atravessam.

Finalizada a leitura, podemos lidar com as seguintes provocações:

- Como utilizar toda essa estrutura na aplicação da TCC, para que seja de fato culturalmente sensível às questões étnico-raciais?

- Como reconhecer as dinâmicas de poder, de discriminação e racismo que podem impactar a saúde mental dos pacientes?

- Como utilizar as diversas formas de conhecimento, olhando e reconhecendo em cada pessoa um ser singular, com questões coletivas, ancestrais e desafiadoras?

Para você, futuro terapeuta, estudante, curioso: sua participação nessa roda pode ser a de exigir, entre outras possibilidades que o livro apresenta, que diferentes saberes sejam contemplados em sua formação, que sejam explorados referenciais teóricos decoloniais que guiem a sua construção ética e cidadã, para que faça parte da sua constituição como pessoa e como profissional.

Este livro também conversa com você, população preta. Faça parte dessa roda exigindo espaços terapêuticos acolhedores, seguros, com profissionais sensíveis e engajados que compreendam os efeitos do racismo na saúde mental de seu grupo, bem como as experiências individuais de discriminação, para que tenha assistência ao construir uma identidade cultural positiva e fortalecer a sua autoestima e autoaceitação.

Agora é com a gente, no coletivo, na humildade, para, "sem vacilar, sem se exibir", como cantava Jovelina Pérola Negra, mostrar o que aprendemos.

Denise Laura Soares / *Psicóloga clínica e terapeuta cognitivo--comportamental. Membro da maior comunidade brasileira de neurociência aplicada à psicologia e saúde mental. Palestrante em saúde mental e vida de qualidade.*

Priscila dos Santos / *Mestra em gestão e desenvolvimento da educação profissional. Multiplicadora do tema educação antirracismo. Atua há 20 anos no desenvolvimento de soluções educacionais corporativas.*

REFERÊNCIAS

A PEQUENA sereia. Direção: Rob Marshall. Produção: Rob Marshall. Roteiro: Jane Goldman, David Magee. Califórnia: Walt Disney Studios Motion Pictures, 2023. (135 min.), vídeo, son., color.

ABRÃO JUNIOR, Ali Antonio. Racismo individual, estrutural ou institucional? O caso da rede de supermercados Carrefour. **Ciência & Tecnologia**, [s. l.], v. 15, n. 1, p. e15110, 2023.

ADICHIE, Chimamanda Ngozi. **O perigo da história única**. São Paulo: Companhia das Letras, 2019.

ADORNO, Theodor W. **Indústria cultural e sociedade**. São Paulo: Paz e Terra, 2002.

AKOTIRENE, Carla. **Interseccionalidade**. São Paulo: Jandaíra, 2019. (Coleção Feminismos Plurais).

ALMEIDA, Silvio Luiz de. **Racismo estrutural**. São Paulo: Pólen, 2019. (Coleção Feminismos Plurais).

ANI, Marimba. **Yurugu**: an African centered critique of European cultural thought and behavior. Trenton: Africa World Press, 1994.

ASANTE, Molefi Kete. Afrocentricidade: notas sobre uma posição disciplinar. *In*: NASCIMENTO, Elisa Larkin (org.). **Afrocentricidade**: uma abordagem epistemológica inovadora. São Paulo: Selo Negro, 2009. (Coleção Sankofa, v. 4).

AVATAR. Direção: James Cameron. Produção: James Cameron e Jon Landau. [S. l.]: 20th Century Fox, 2009. (162 min.), vídeo, son., color.

BANZO. *In*: MOURA, Clóvis. **Dicionário da escravidão negra no Brasil**. São Paulo: Edusp, 2004.

BARBOSA, Arianne de Sá; TERROSO, Lauren Bulcão; ARGIMON, Irani Iracema de Lima. Epistemologia da terapia cognitivo-comportamental: casamento, amizade ou separação entre as teorias? **Boletim Academia Paulista de Medicina**, São Paulo, v. 34, n. 86, p. 63-79, 2014.

BARBOSA, Eliane Clares; SAMPAIO, Juliana Vieira. Saúde mental da população negra no Brasil: revisão integrativa. **Psicologia Argumento**, [s. l.], v. 41, n. 115, p. 3922-3950, 2023.

BECK, Judith. **Terapia cognitivo-comportamental**: teoria e prática. 3. ed. Porto Alegre: Artmed, 2022.

BENTO, Maria Aparecida da Silva. **O pacto da branquitude**. São Paulo: Companhia das Letras, 2022.

BENTO, Maria Aparecida da Silva. **Pactos narcísicos no racismo**: branquitude e poder nas organizações empresariais e no poder público. 2002. Tese (Doutorado em Psicologia) – Universidade de São Paulo, São Paulo, 2002.

BERTH, Joice. **Empoderamento**. São Paulo: Pólen, 2019. (Coleção Feminismos Plurais).

BOCK, Ana Mercês Bahia. Perspectivas para a formação em psicologia. **Psicologia**: Ensino & Formação, São Paulo, v. 2, n. 6, p. 114-122, 2015.

BRASIL. Ministério da Saúde. **Óbitos por suicídio entre adolescentes e jovens negros 2012 a 2016**. Brasília, DF: Ministério da Saúde, 2018.

BRASIL. Presidência da República. **Lei nº 10.639, de 9 de janeiro de 2003**. Altera a Lei nº 9.394, de 20 de dezembro de 1996, que estabelece as diretrizes e bases da educação nacional, para incluir no currículo oficial da Rede de Ensino a obrigatoriedade da temática "História Afro-Brasileira", e dá outras providências. Disponível em: https://www.planalto.gov.br/ccivil_03/leis/2003/l10.639.htm. Acesso em: 10 jan. 2025.

CAETANO, Janaína Oliveira; CASTRO, Helena Carla. Dandara dos Palmares: uma proposta para introduzir uma heroína negra no ambiente escolar. **Revista Eletrônica História em Reflexão**, [s. l.], v. 14, n. 27, p. 153-179, 2020.

CANTO PRA VELHA GUARDA. Compositores: Mário Sérgio, Carioca e Luizinho SP. Intérprete: Fundo de Quintal. Rio de Janeiro: Som Livre, 1991.

CARDOSO, Bruno Luiz Avelino; PAIM, Kelly; CATELAN, Ramiro Figueiredo; LIEBROSS, Ethan E. Minority stress and the inner critic/oppressive sociocultural schema mode among sexual and gender minorities. **Current Psychology**, [s. l.], v. 42, n. 23, p. 19991-19999, 2023.

CARDOSO, Lourenço. Branquitude acrítica e crítica: a supremacia racial e o branco antirracista. **Revista Latinoamericana de Ciencias Sociales, Niñez y Juventud**, Manizales, v. 8, n. 1, p. 607-630, 2010.

COLLINS, Patricia Hill; BILGE, Sirma. **Interseccionalidade**. São Paulo: Boitempo, 2021.

CONSELHO FEDERAL DE PSICOLOGIA. **Resolução nº 018/2002, de 19 de dezembro de 2002**. Estabelece normas de atuação para os psicólogos em relação ao preconceito e à discriminação racial. Disponível em: https://site.cfp.org.br/wp-content/uploads/2002/12/resolucao2002_18.PDF. Acesso em: 31 jan. 2025.

COSTA, Maria Conceição. **Clínica psicológica antirracista**: uma nova episteme para uma psicologia decolonial. 2022. Tese (Doutorado em Psicologia) – Universidade Católica de Pernambuco, Recife, 2022.

DAVID, E. Internalized oppression, psychopathology, and cognitive-behavioral therapy among historically oppressed groups. **Journal of Psychological Practice**, [s. l.], v. 2, n. 15, p. 71-103, 2009.

DEVULSKY, Alessandra. **Colorismo**. São Paulo: Jandaíra, 2021. (Coleção Feminismos Plurais).

DIANGELO, Robin; BENTO, Cida; AMPARO, Thiago. O branco na luta antirracista: limites e possibilidades. *In*: INSTITUTO IBIRAPITANGA; VAINER, Lia (org.). **Branquitude**: diálogos sobre racismo e antirracismo. São Paulo: Fósforo, 2023.

DIOP, Cheikh Anta. **Civilization or barbarism**: an authentic anthropology. New York: Lawrence Hill Books, 1991.

ESPINHA, Tatiana Gomez. **A temática racial na formação em psicologia a partir da análise de projetos político-pedagógicos**: silêncio e ocultação. 2017. Tese (Doutorado em Psicologia) – Universidade Estadual de Campinas, Campinas, 2017.

FANON, Frantz Omar. **Pele negra, máscaras brancas**. 5. ed. São Paulo: Ubu Editora, 2020.

FAUSTINO, Deivison. Colonialismo. *In*: RIOS, Flávia; SANTOS, Márcio André dos; RATTS, Alex. **Dicionário das relações étnico-raciais contemporâneas**. São Paulo: Perspectiva, 2023.

FERNANDES, Florestan. O mito revelado. **Revista Espaço Acadêmico**, Maringá, v. 3, n. 26, p. 1-4, jul. 2003. Artigo originalmente publicado na *Folha de S. Paulo*, em 8 jun. 1980.

FERREIRA, Tiago Alfredo da Silva *et al*. Princípios norteadores para uma prática clínica psicoterápica antirracista. **Acta Comportamentalia**, Salvador, v. 30, n. 4, p. 619-638, 2022.

FREDERICO, Roberta Maria. **Psicologia, raça e racismo**: uma reflexão sobre a produção intelectual brasileira. Rio de Janeiro: Telha, 2021.

GOFFMAN, Erving. **Estigma**: notas sobre a manipulação da identidade deteriorada. Rio de Janeiro: Zahar, 1963.

GOMES, Laurentino. **Escravidão**: do primeiro leilão de cativos em Portugal até a morte de Zumbi dos Palmares. Rio de Janeiro: Globo Livros, 2019.

GONZALEZ, Lélia. **Por um feminismo afro-latino-americano**: ensaios, intervenções e diálogos. Rio de Janeiro: Zahar, 2020.

GRAHAM, Jéssica; SORENSON, Shannon; HAYES-SKELTON, Sarah. Enhancing the cultural sensitivity of cognitive behavioral interventions for anxiety in diverse populations. **The Behavior Therapist/AABT**, New York, p. 101-108, 2013.

GUERRA, Paula Bierrenbach de Castro. Psicologia social dos estereótipos. **Psico-USF**, São Paulo, v. 7, n. 2, p. 239-240, 2002.

HAYS, Pamela A. Integrating evidence-based practice, cognitive-behavior therapy, and multicultural therapy: ten steps for culturally competent practice. **Professional Psychology**: Research and Practice, [s. l.], v. 40, n. 4, p. 354-360, 2009.

HAYS, Pamela A.; IWAMASA, Gayle. **Culturally responsive cognitive-behavioral therapy**. Washington: American Psychological Association, 2013.

HELLER, Ágnes. **O cotidiano e a história**. 3. ed. São Paulo: Paz e Terra, 2004.

IDENTIDADE. Compositor e intérprete: Jorge Aragão. Rio de Janeiro: Som Livre, 1992.

INSTITUTO IBIRAPITANGA; VAINER, Lia (org.). **Branquitude**: diálogos sobre racismo e antirracismo. São Paulo: Fósforo, 2023.

JUVENIL, Carolyne Batista; TAVARES, Jeane Saskya Campos; VENTURA, Paula Rui. Não sou eu, é a sociedade: terapia do esquema em um caso clínico de múltiplas opressões internalizadas. **Revista Brasileira de Terapias Cognitivas**, Ribeirão Preto, v. 19, n. 1, p. 125-133, 2023.

KNAPP, Paulo; BECK, Aaron. Fundamentos, modelos conceituais, aplicações e pesquisa da terapia cognitiva. **Revista Brasileira de Psiquiatria**, Porto Alegre, v. 30, n. 3, p. 54-64, 2008.

KOHN, Laura P.; MUÑOZ, Ricardo F.; LEAVITT, Daria. Adapted cognitive behavioral group therapy for depressed low-income African American women. **Community Mental Health Journal**, Miami, v. 38, n. 6, p. 497-504, 2002.

KUYKEN, Wilen; PADESKY, Christine; DUDLEY, Robert. **Conceitualização de casos colaborativa**: o trabalho em equipe com pacientes em terapia cognitivo-comportamental. Porto Alegre: Artmed, 2010.

LAÓ-MONTES, Augustin. Afrocentrismo. *In*: RIOS, Flávia; SANTOS, Márcio André dos; RATTS, Alex (org.). **Dicionário das relações étnico-raciais contemporâneas**. São Paulo: Perspectiva, 2023.

LEAHY, Robert L. **Técnicas de terapia cognitiva**: manual do terapeuta. Porto Alegre: Artmed, 2006.

LEAHY, Robert L.; TIRCH, Dennis; NAPOLITANO Lisa A. **Regulação emocional em psicoterapia**: um guia para o terapeuta cognitivo-comportamental. Porto Alegre: Artmed, 2013.

LEVANTA E ANDA. Compositores e intérpretes: Emicida e Rael. Rio de Janeiro: Laboratório Fantasma, 2013.

LIBERAR GERAL. Compositores: Edvaldo Santos e Reinaldo Nascimento. Intéreprete: Terra Samba. [*S. l.*]: RGE, 1997.

LOPES, Nei; SIMAS, Luiz Antonio. **Filosofias africanas**: uma introdução. Rio de Janeiro: Civilização Brasileira, 2021.

LUCENA-SANTOS, Paola; PINTO-GOUVEIA, José; OLIVEIRA, Margareth da Silva. **Terapias comportamentais de terceira geração**: guia para profissionais. Novo Hamburgo: Sinopsys, 2015.

LUZ DO REPENTE. Composição: Arlindo Cruz, Franco e Marquinho PQD. Intérprete: Jovelina Pérola Negra. São Paulo: RGE, 1987.

MAAR, Wolfgang Leo. Adorno, semiformação e educação. **Educação & Sociedade**, [s. l.], v. 24, n. 83, p. 459-475, 2003.

MACHADO, Adilbênia Freire. Filosofia africana para descolonizar olhares: perspectivas para o ensino das relações étnico-raciais. **#Tear**: Revista de Educação, Ciência e Tecnologia, [s. l.], v. 3, n. 1, p. 1-20, 2014.

MACHADO, Marta. Discriminação racial. *In*: RIOS, Flávia; SANTOS, Márcio André dos; RATTS, Alex (org.). **Dicionário das relações étnico-raciais contemporâneas**. São Paulo: Perspectiva, 2023.

MALAQUIAS, Maria Célia (org.). **Psicodrama e relações étnico-raciais**: diálogos e reflexões. São Paulo: Editora Ágora, 2020.

MARTÍN-BARÓ, Ignácio. O papel do psicólogo. **Estudos de Psicologia (Natal)**, Natal, v. 2, n. 1, p. 7-27, jun. 1997.

MATOS, Ana Cristina Santana; OLIVEIRA, Irismar Reis de. Terapia cognitivo-comportamental da depressão: relato de caso. **Revista de Ciências Médicas e Biológicas**, [s. l.], v. 12, n. 4, p. 512-519, 2014.

MOREIRA, Adilson. **Racismo recreativo**. São Paulo: Jandaíra, 2020. (Coleção Feminismos Plurais).

MUNANGA, Kabengele. **Negritude**: usos e sentidos. 4. ed. Belo Horizonte: Autêntica, 2020.

MUNANGA, Kabengele. **Rediscutindo a mestiçagem no Brasil**: identidade nacional versus identidade negra. Belo Horizonte: Autêntica, 2023.

MUNANGA, Kabengele. Negritude e identidade negra ou afrodescendente: um racismo ao avesso? **Revista da ABPN**, [s. l.], v. 4, n. 8, p. 6-14, 2012.

MUNANGA, Kabengele; GOMES, Nilma Lino. **O negro no Brasil de hoje**. 2. ed. São Paulo: Global, 2016.

NÃO DEIXE O SAMBA MORRER. Compositores: Edson Conceição e Aloísio Silva. Intérprete: Alcione. Rio de Janeiro: Philips, 1975.

NASCIMENTO, Abdias do. Quilombismo: um conceito emergente do processo histórico-cultural da população afro-brasileira. *In*: NASCIMENTO,

Elisa Larkin (org.). **Afrocentricidade**: uma abordagem epistemológica inovadora. São Paulo: Selo Negro, 2009. (Coleção Sankofa, v. 4).

NASCIMENTO, Elisa Larkin. O teatro experimental do negro: o berço do psicodrama no Brasil. *In*: MALAQUIAS, Maria Célia. **Psicodrama e relações étnico-raciais**: diálogos e reflexões. São Paulo: Ágora, 2020.

NASCIMENTO, Elisa Larkin. Sankofa: significado e intenções. *In*: NASCIMENTO, Elisa Larkin (org.). **A matriz africana no mundo**. São Paulo: Selo Negro, 2008. (Coleção Sankofa, v. 1).

NJERI, Aza. Educação afrocêntrica como via de luta antirracista e sobrevivência na Maafa. **Revista Sul-Americana de Filosofia e Educação**, [s. l.], n. 31, p. 4-17, 2019.

NOBLES, Wade W. Sakhu Sheti: retomando e reapropriando um foco psicológico afrocentrado. *In*: NASCIMENTO, Elisa Larkin (org.). **Afrocentricidade**: uma abordagem epistemológica inovadora. São Paulo: Selo Negro, 2009. (Coleção Sankofa, v. 4).

NOBLES, Wade W. **Seeking the Sakhu**: foundational writings for an African psychology. Chicago: Third World Press, 2006.

NOGUEIRA, Conceição. **Interseccionalidade e psicologia feminista**. Salvador: Devires, 2017.

NOGUEIRA, Simone Gibran (org.). **Psicologia afrocentrada no Brasil**: psicologia da educação em diálogo com saberes tradicionais. São Carlos: Pedro e João, 2023.

NOGUEIRA, Simone Gibran. **Libertação, descolonização e africanização da psicologia**: breve introdução à psicologia africana. São Carlos: Edufscar, 2020.

NOGUEIRA, Simone Gibran; GUZZO, Raquel Souza Lobo. Psicologia africana: diálogos com o sul global. **Revista Brasileira de Estudos Africanos**, [s. l.], v. 1, n. 2, p. 197-218, 2016.

NUÑES, Geni. **Descolonizando afetos**: experimentações sobre outras formas de amar. São Paulo: Paidós, 2023.

O SHOW TEM QUE CONTINUAR. Compositores: Arlindo Cruz, Luiz Carlos da Vila e Sombrinha. Intérprete: Fundo de Quintal. [S. l.]: RGE, 1988.

O REI Leão. Direção: Roger Allers e Rob Minkoff. Produção: Don Hahn. Califórnia: Walt Disney Animation Studios, 1994. (88 min.), vídeo, son., color.

ODA, Ana Maria Galdini Raimundo. Escravidão e nostalgia no Brasil: o banzo. **Revista Latinoamericana de Psicopatologia Fundamental**, São Paulo, v. 11, n. 4, p. 735-761, 2008.

ODA, Ana Maria Galdini Raimundo; DALGALARRONDO, Paulo. Juliano Moreira: um psiquiatra negro frente ao racismo científico. **Revista Brasileira de Psiquiatria**, Rio de Janeiro, v. 4, n. 22, p. 178-179, 2000.

PAIM, Kelly; CARDOSO, Bruno. **Terapia do esquema para casais**: base teórica e intervenção. Porto Alegre: Artmed, 2019.

PANTERA Negra. Direção: Ryan Coogler. Produção: Ryan Coogler, Joe Robert Cole e Stan Lee. [S. l.]: Marvel Studios, 2018. (134 min.), vídeo, son., color.

PANTET, Ananda *et al.* (org.). **Terapia racial**: diálogos sobre psicoterapia para população negra. São Paulo: Terapia Racial Educação, 2023.

QUIJANO, Anibal. Colonialidade do poder, eurocentrismo e América Latina. *In*: QUIJANO, Anibal. **A colonialidade do saber**: eurocentrismo e ciências sociais. Perspectivas latino-americanas. Buenos Aires: Clacso, 2005.

REIS, Bruno. **A música contemporânea**: arte ou produto da indústria cultural? Uma articulação teórica. 2007. Trabalho de Conclusão de Curso (Bacharelado em Psicologia) – Universidade Presbiteriana Mackenzie, São Paulo, 2007.

REIS, Bruno. A chegança: os primeiros passos no universo da psicologia afrocentrada. *In*: NOGUEIRA, Simone Gibran (org.). **Psicologia afrocentrada no Brasil**: psicologia da educação em diálogo com saberes tradicionais. São Carlos: Pedro e João, 2023.

REIS, Carolina. **A pequena sereia – live action**: uma jornada transmídia. 2023. Trabalho de Conclusão de Curso (Bacharelado em Publicidade e Propaganda) – Faculdade Cásper Líbero, São Paulo, 2023.

RIBEIRO, Djamila. **Lugar de fala**. São Paulo: Pólen, 2019a. (Coleção Feminismos Plurais).

RIBEIRO, Djamila. **Pequeno manual antirracista**. São Paulo: Companhia das Letras, 2019b.

RODA Viva Emicida 27/07/2020. São Paulo, 2020. Publicado pelo canal Roda Viva. Disponível em: https://www.youtube.com/watch?v=VQaTpXmkHIw. Acesso em: 22 jun. 2023.

RODRIGUES, Vera; BONFIM, Marco Antonio Lima do. Identidade. *In*: RIOS, Flávia; SANTOS, Marcio André dos; RATTS, Alex. **Dicionário das relações étnico-raciais contemporâneas**. São Paulo: Perspectiva, 2023.

RONZANI, Telmo Mota; FURTADO, Erikson Felipe. Estigma social sobre o uso de álcool. **Jornal Brasileiro de Psiquiatria**, [s. l.], v. 59, n. 4, p. 326-332, 2010.

SAMBA da Vela 23 anos. Compromisso Sagrado/Vem Pro Santo Amaro/O Couro Come. São Paulo, 2023. Publicado pelo canal Samba da Vela Oficial. Disponível em: https://www.youtube.com/watch?v=zktJnlizgiM. Acesso em: 22 jun. 2023.

SCHUCMAN, Lia Vainer. **Famílias inter-raciais**: tensões entre cor e amor. São Paulo: Fósforo, 2023a.

SCHUCMAN, Lia Vainer. Afinal, para que estudamos branquitude? *In*: INSTITUTO IBIRAPITANGA; SCHUCMAN, Lia Vainer. **Branquitude**. São Paulo: Fósforo, 2023b.

SCHUCMAN, Lia Vainer. Racismo e antirracismo: a categoria raça em questão. **Revista Psicologia Política**, São Paulo, v. 19, n. 10, p. 41-55, 2010.

SCHUCMAN, Lia Vainer. Sim, nós somos racistas: estudo psicossocial da branquitude paulistana. **Psicologia & Sociedade**, [s. l.], v. 26, n. 1, p. 83-94, 2014.

SCHUCMAN, Lia Vainer; MARTINS, Hildeberto Vieira. A psicologia e o discurso racial sobre o negro: do "objeto da ciência" ao sujeito político. **Psicologia**: Ciência e Profissão, [s. l.], v. 37, n. especial, p. 172-185, 2017.

SELIGMAN, Martin. **Felicidade autêntica**: usando a psicologia para a realização permanente. Rio de Janeiro: Ponto de Leitura, 2009.

SILVA, Cláudio Jerônimo da; SERRA, Ana Maria. Terapias cognitiva e cognitivo-comportamental em dependência química. **Revista Brasileira de Psiquiatria**, São Paulo, v. 26, n. 1, p. 33-39, 2004.

SILVA, Wilson Honório da. **O mito da democracia racial**: um debate marxista sobre raça, classe e identidade. São Paulo: Sundermann, 2016.

SORRISO NEGRO. Compositores: Adilson Barbado, Jair Carvalho e Jorge Portela. Intérpretes: Dona Ivone Lara e Jorge Ben Jor. São Paulo: Warner Music Brasil, 1981.

SOUSA, Ana Carolina Vale de. Afrocentricidade e o realinhamento do povo africano na diáspora brasileira. **Revista de Extensão da Univasf**, Petrolina, p. 116-130, 2021.

SOUZA, Neusa Santos. **Tornar-se negro**: as vicissitudes da identidade do negro brasileiro em ascensão social. Rio de Janeiro: Zahar, 2021.

TAVARES, Jeane Saskya Campos. Suicídio na população negra brasileira: nota sobre mortes invisibilizadas. **Revista Brasileira de Psicologia**, Salvador, v. 4, n. 1, p. 73-75, 2017.

TAVARES, Jeane Saskya Campos; JESUS FILHO, Carlos Antônio Assis de; SANTANA, Elisangela Ferreira de. Por uma política de saúde mental da população negra no SUS. **Revista da ABPN**, [s. l.], v. 12, n. especial, p. 138-151, 2020.

TAVARES, Jeane Saskya Campos; KURATANI, Sayuri Miranda de Andrade. Manejo clínico das repercussões do racismo entre mulheres que se "tornaram negras". **Psicologia**: Ciência e Profissão, [s. l.], v. 39, p. 1-13, 2019.

TODOROV, João Claudio; HANNA, Elenice S. Análise do comportamento no Brasil. **Psicologia**: Teoria e Pesquisa, Brasília, v. 26, p. 143-153, 2010.

UM AMOR PURO. Compositor e intérprete: Djavan. Rio de Janeiro: Sony Music Entertainment, 1999.

VEIGA, Lucas Motta. Descolonizando a psicologia: notas para uma psicologia preta. **Fractal**: Revista de Psicologia, [s. l.], v. 31, p. 244-248, 2019.

WAINER, Ricardo. O desenvolvimento da personalidade e suas tarefas evolutivas. *In*: WAINER, Ricardo; PAIM, Kelly; ERDOS, Renata; ANDRIOLA, Rossana (org.). **Terapia cognitiva focada em esquemas**: integração em psicoterapia. Porto Alegre: Artmed, 2016.

WAISELFISZ, Julio Jacobo. **Mapa da violência 2012**: a cor dos homicídios no Brasil. Brasília: Flacso, 2012.

WATSON-SINGLETON, Natalie N.; BLACK, Angela R.; SPIVEY, Briana N. Recommendations for a culturally-responsive mindfulness-based intervention for African Americans. **Complementary Therapies in Clinical Practice**, [s. l.], v. 34, p. 132-138, 2019.

WENZEL, Amy; BROWN, Gregory; BECK, Aaron. **Terapia cognitivo-comportamental para pacientes suicidas.** Porto Alegre: Artmed, 2010.

YOUNG, Jeffrey. **Terapia cognitiva para transtornos de personalidade**: uma abordagem focada em esquemas. Porto Alegre: Artmed, 2003.

YOUNG, Jeffrey; KLOSKO, Janet; WEISHAAR, Marjorie. **Terapia do esquema**: guia de técnicas cognitivo-comportamentais inovadora. Porto Alegre: Artmed, 2008.

ZÉ DO CAROÇO. Compositor e intérprete: Leci Brandão. Rio de Janeiro: Copacabana, 1985.

ÍNDICE GERAL

Acesso aos repositórios de saberes, 220
Afrocentramento, 99, 169
Afrodescendentes chegam ao Brasil, 23
Afrodescendentes: um povo capaz de "sankofar", 25
Agradecimentos, 11
Aliança terapêutica, 206
Análises interseccionais, 219
Apresentação da TCC, 114
Aspectos da química esquemática, 199
Autoconhecimento, 102
Avaliações iniciais, 208
Caminhos para tornar a psicologia clínica mais sensível às questões étnico-raciais, 75
Captura, 27
Clínica sensível às questões étnico-raciais baseada na TCC, A, 126
Clínica sensível às questões étnico-raciais, 98
Colonização da psicologia, A, 65
Conceitos importantes para estudos clínicos sensíveis às questões étnico-raciais, 98
Conceitualização cognitiva, 119, 209
Considerações finais, 225
Considerações sobre o caso, 200
Demandas clínicas relacionadas às questões étnico-raciais e caminhos para manejá-las, 143
Desejo de embranquecer é a doença e a negritude é a cura, O, 45
Desumanização da população negra, A, 38
Discriminação racial, 99

Do *banzo* à pulsão palmariana, 52
Ecos da escravidão, 71
Ecos da travessia, 30
Efeitos do racismo na saúde mental da população negra, 56
Estigmas e códigos sociais involuntários, 144
Estilos de enfrentamento, 212
Estratégias cognitivas: modificação das crenças disfuncionais e adoção de crenças funcionais, 216
Estratégias comportamentais: estilos de enfrentamento e manejo dos códigos sociais, 212
Estratégias contextuais: análises interseccionais e acesso aos repositórios de saberes, 219
Estratégias experienciais: seriam um elo entre a terapia do esquema e a psicologia afrocentrada?, 222
Estratégias interpessoais: aliança terapêutica, avaliações iniciais e conceitualização cognitiva, 206
Estudo de caso: Adelina & Rômulo, 198
Exame das crenças disfuncionais em casos de opressões internalizadas, 159
Fatores ambientais: como indivíduos, instituições e estruturas sociais ocasionam e realizam a manutenção das opressões internalizadas?, 155
Formação do terapeuta, 101
Honrar os ancestrais e abrir caminhos para os mais novos, 201
Identidade negra construída a partir do ponto de vista do outro, A, 33
Identidade negra, A, 41
Interseccionalidade, 181
Introdução, 17
Jornada da sensibilização: estudos críticos, decoloniais, afrocentrados e antirracistas, A, 77
Leilões, 29
Lugar de fala e raciocínio dialético, 100
Maafa: o grande desastre, 25
Manejo clínico das opressões internalizadas, 162
Manejo clínico dos códigos sociais, 214
Manejo clínico dos estigmas e códigos sociais, 148
Mestiçagem e colorismo, 187
Meu encontro com a TCC, 112
Mito negro, O, 39
Modelo cognitivo, 116
Movimento antirracista, O, 93

Navio negreiro: a chegada ao Brasil, 27
Negritude, 178
Nota do editor, 7
O que são as opressões internalizadas?, 153
O que são códigos sociais?, 147
O que são estigmas?, 144
Panorama da clínica sensível às questões étnico-raciais praticada no Brasil, 104
Por que precisamos de uma psicologia sensível às questões étnico-raciais?, 21
Posfácio, 227
Prática clínica sensível às questões étnico-raciais baseada na TCC, A, 141
Preconceito racial, 99
Prefácio, 13
Primeira geração, 109
Princípio fundamental, O, 115
Princípio número quatro, O, 124
Princípios do tratamento, 123
Procedimentos e técnicas, 121
Procedimentos, estratégias e técnicas da TCC sensível às questões étnico-raciais, 205
Procura da batida perfeita, À, 137
Psicologia afrocentrada, 86
Psicologia crítica, 79
Psicologia decolonial, 82
Raça, racismo e supremacia racial branca, 34
Racismo e antirracismo, 98
Racismo estrutural, 63
Racismo individual, 60
Racismo institucional, 60
Recomendações gerais para terapeutas antirracistas, 101
Referências, 231
Relacionamentos inter-raciais, 195
Sankofa: aprender com o passado, transformar o presente e construir um futuro melhor, 24
Saúde mental da população negra no Brasil, A, 51
Segunda geração, 110
Ser para sempre um terapeuta aprendiz, 103
Ser protagonista da própria história, 46

Show tem que continuar, O, 225
Supervisão, 103
TCC culturalmente responsiva, A, 129
Terapia cognitivo-comportamental (TCC), A, 107
Terapia cognitivo-comportamental de Beck, A, 112
Terapia do esquema (TE), A, 134
Terceira geração, 110
Tornar-se negro, 49
Travessia, 28
Três níveis da cognição, Os, 117
Universo das TCCs, O, 108